STATISTICAL ANALYSIS IS
THE BEST TOOL IN BUSINESS

使える51の統計手法

菅 民郎
【監修】

志賀保夫・姫野尚子
【共著】

Ohmsha

本書に掲載されている会社名・製品名は、一般に各社の登録商標または商標です。

本書を発行するにあたって、内容に誤りのないようできる限りの注意を払いましたが、本書の内容を適用した結果生じたこと、また、適用できなかった結果について、著者、出版社とも一切の責任を負いませんのでご了承ください。

　本書は、「著作権法」によって、著作権等の権利が保護されている著作物です。本書の複製権・翻訳権・上映権・譲渡権・公衆送信権（送信可能化権を含む）は著作権者が保有しています。本書の全部または一部につき、無断で転載、複写複製、電子的装置への入力等をされると、著作権等の権利侵害となる場合があります。また、代行業者等の第三者によるスキャンやデジタル化は、たとえ個人や家庭内での利用であっても著作権法上認められておりませんので、ご注意ください。

　本書の無断複写は、著作権法上の制限事項を除き、禁じられています。本書の複写複製を希望される場合は、そのつど事前に下記へ連絡して許諾を得てください。

出版者著作権管理機構
（電話 03-5244-5088，FAX 03-5244-5089，e-mail：info@jcopy.or.jp）

JCOPY ＜出版者著作権管理機構 委託出版物＞

まえがき

1960 年代後半から、情報化社会という言葉が日常に取り入れられるようになりました。それはインターネットの発達と普及に端を発するものであり、拡大の一途をたどっています。

情報化社会ではコンピュータによる迅速な情報処理と、多様な通信メディアによる広い範囲の情報伝達によって、大量の情報が数値化・データ化され、常に生産、蓄積、伝達されます。それは、人々の日常生活のなかで、情報に対する要求が強まり、情報メディアに接触する時間量が増え、意思決定や日常の行動選択にとって、情報の重要性がますます大きくなる等、情報への依存度がきわめて高い社会です。

そして、情報化社会の拡大と共に、新たな問題も現れてくるであろうことは明らかです。それはそもそもどのように情報が数値化・データ化されているのか、またその数値・データを信じてよいのかが分からなくなってしまっているという問題です。

米国の社会心理学の創設者といわれる、オルポート（Gordon Willard Allport）が提唱した研究方法の一つにエビデンス・ベースド・アプローチ（Evidence-based approach）があります。実験や調査に基づく数量的アプローチのことです。人間一般に通用するような法則を確立することを目的とし、行動療法や認知行動療法などが含まれ、法則定立的アプローチとも呼ばれています。

論より証拠の「証拠」に当たるものは何でしょう。それが「データ」です。エビデンス（根拠）に基づく事業戦略やマーケティング戦略を構築することにもっと目をむけるべきではないでしょうか。エビデンス・ベースド・ビジネス（Evidence-based Business）です。そのためには、統計解析は最強のツールであることは間違いありません、情報を制する者がビジネスの世界を制するといっても過言ではなく、この言葉を情報化社会に置き換えると統計解析を制する者がビジネスの世界を制するということになります。

本書はビジネスの世界で統計解析を身につけ、実務で使いたい、しかし、難解な統計解析にどのように取り組めばいいのかわからないとする方々を対象に 51 の統計手法をやさしく解説しています。

iii

データの中に光あり、統計解析力でデータの中にかくれた宝を探し出し、エビデンス・ベースド・ビジネスに本書がお役に立てれば幸いです。

　本書の発行にあたり、統計学的な記述に関して監修をいただいた菅民郎先生（株式会社アイスタット代表取締役会長、ビジネス・ブレークスルー大学大学院教授・理学博士）、また執筆の機会を与えてくださった株式会社オーム社の皆様には心より御礼申し上げます。

2019 年 8 月

志賀　保夫・姫野　尚子

　本書の解析結果は、Excel で計算した表示です。見た目の表示は、四捨五入された値ですが、計算過程では四捨五入されないまま算出しています。よって、本書の数値表示をもとに手計算で四則演算した場合、若干、小数点や下桁の値に誤差が生じる場合があります。

目次 Contents

まえがき ··· iii

Chapter 01 代表値

01 算術平均値 ··· 3

02 幾何平均値 ··· 5

03 調和平均値 ··· 7

04 中央値 ·· 9

05 割合 ·· 13

06 パーセンタイル ··· 19

07 最頻値 ·· 23

Chapter 02 散布度

08 標準偏差 ··· 27

09 割合（1,0 データ）の標準偏差 ····································· 31

10 変動係数 ··· 34

11 四分位範囲と四分位偏差 ··· 36

12 5数要約と箱ひげ図 ·· 38

13 基準値 ·· 44

14 偏差値 ·· 46

Chapter 03 相関分析

15 単相関係数 ··· 57

16 単回帰式 ··· 61

v

17	クロス集計	64
18	リスク比	67
19	オッズ比	69
20	クラメール連関係数	71
21	相関比	75
22	スピアマン順位相関係数	81

Chapter 04　CS分析

| 23 | CSグラフ（顧客満足度グラフ） | 88 |
| 24 | 改善度指数 | 93 |

Chapter 05　正規分布・z分布・t分布

25	正規分布	98
26	z分布（標準正規分布）	104
27	歪度と尖度	108
28	正規確率プロット	112
29	t分布	115

Chapter 06　母集団と標準誤差

30	標準誤差	126
31	mean ± SD	128
32	mean ± SE	130
33	誤差グラフとエラーバー	131

Chapter 07　統計的推定

34　信頼度（95％CI） ………………………………………………… 136
35　母平均 z 推定 …………………………………………………… 138
36　母平均 t 推定 …………………………………………………… 139
37　母比率の推定（z 推定）……………………………………… 143

Chapter 08　統計的検定

38　p 値 ……………………………………………………………… 148

Chapter 09　平均値に関する検定

39　母平均の差 z 検定 …………………………………………… 158
40　t 検定 …………………………………………………………… 161
41　ウェルチの t 検定 …………………………………………… 164
42　対応のある t 検定 …………………………………………… 168
43　母平均差分の信頼区間 ………………………………………… 171

Chapter 10　割合に関する検定

44　タイプ① 対応のない場合（z 検定）………………………… 182
45　タイプ② 対応のある場合（マクネマー検定）……………… 185
46　タイプ③ 従属関係にある場合（z 検定）………………… 189
47　タイプ④ 一部従属関係にある場合（z 検定）…………… 192

Chapter 11 相関に関する検定

48 単相関係数の無相関の検定 ……………………………………… 196

49 クロス集計表のカイ2乗検定 ……………………………………… 199

Chapter 12 重回帰分析

50 重回帰分析 ……………………………………………………… 204

51 月次時系列分析　季節変動指数（S） ……………………………… 219

　　月次時系列分析　傾向変動（T） ………………………………… 222

付録　統計手法　Excel 関数一覧表 ……………………………………… 231

索引 …………………………………………………………………………… 243

Chapter 01

代表値

集めたデータの特徴を知る①

弊社はブラック企業!?

Measure of central tendency
代表値

【だいひょうち】▶▶▶ 集団の特徴を表す代表的な値。平均値や割合など

　たとえば、ある集団に属する人たちについて「身長」と「性別」のデータがあったとします。身長は背の高い人も低い人もいます。性別は男性も女性もいます。このような個々のデータの差異を**変動**といいます。

　そういった変動（差異）のあるデータが集まってできた集団の特徴を一言でいい表す際に、「背の高い人が多い集団なのか、背の低い人が多い集団なのか」あるいは「男性が多い集団なのか女性が多い集団なのか」といったことを把握する必要性が生じてきます。

　そこで、身長の分布や平均値、男性が占める割合（比率）などを求めることになります。このように集団の特徴を示す平均値や割合を**代表値**といいます。

01 算術平均値

Arithmetic average

【さんじゅつへいきんち】 ▶▶▶ データを足し合わせ、データの個数で割った値。
日常的に最もよく使われる平均値

使える場面 ▶▶▶▶▶▶▶▶▶▶▶ 飲み会の1人あたりの支払額を求めたいとき
社員の平均年齢や平均身長を求めたいときなど

別称 ▶▶▶▶▶▶▶▶▶▶▶▶▶▶▶▶ 相加平均値

算術平均値は、日常的に最もよく使う平均値です。たとえば「平均年齢」「平均身長」「平均体重」というときの「平均」は算術平均値です。データをすべて足し合わせ、データの個数（人数）で割ると求められます。

計算式

n 個のデータを x_1、x_2、x_3、…、x_n としたとき

$$算術平均値 = (x_1 + x_2 + x_3 + \cdots + x_n) \div n$$

問題

ある会社で喫煙している女性と男性の1日の喫煙本数を調べたところ、下記のデータが得られた。女性と男性それぞれの喫煙本数の平均値を求めよ。

女性社員	喫煙本数
阿部	5本
石田	3本
佐藤	4本
田中	7本
松本	6本

男性社員	喫煙本数
青木	2本
井山	10本
鈴木	4本
高橋	9本
吉田	13本
渡辺	5本

小学生の算数です

01 代表値——集めたデータの特徴を知る①

3

> **解 答**

女性、男性それぞれの喫煙本数を合計して、人数で割れば求められます。

▶▶▶ **女性の喫煙本数の算術平均値**
$(5 + 3 + 4 + 7 + 6) \div 5$
$= 25 \div 5$
$= 5 〔本〕$

▶▶▶ **男性の喫煙本数の算術平均値**
$(2 + 10 + 4 + 9 + 13 + 5) \div 6$
$= 43 \div 6$
$= 7.1667 〔本〕$

A. 女性 5 本、男性 7.2 本

算術平均値に関する留意点

上記の例で男性の平均値は小数点以下かなりの桁数まで表示されていますが、報告書や論文などに記載する場合には示された桁数をすべて用いる必要はありません。むしろ、以下のように丸めた数値を求めるのがよいでしょう。

[算術平均値で求める桁数]
測定データの精度 + 1桁

たとえば体温の測定データが 38.8℃、36.7℃、40.2℃ のように小数点第1位まで測定されているならば、平均値は小数点第2位まで求めるとよいでしょう。

平均体温は……
$(38.8 + 36.7 + 40.2) \div 3$
$= 38.5666……$
$= 38.57 〔℃〕$

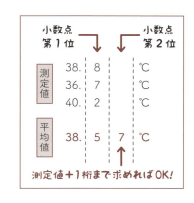

02 Geometrical average 幾何平均値

【きかへいきんち】▶▶▶ 変化率の平均値
使える場面 ▶▶▶▶▶▶▶ 年間売上高の年あたりの平均伸び率や変化率を求めたいときなど
別称 ▶▶▶▶▶▶▶▶▶▶▶ 相乗平均値

幾何平均値は、変化率の平均値のことです。たとえば、ある会社の年間の売上高が1年後に2倍に伸び、その翌年にさらに前年の3倍に伸びたとします。その場合の1年あたりの平均伸び率のことを幾何平均値といいます〔(2＋3)÷2＝2.5倍とするのは正しくありません〕。

データ数が n 個あった場合、n 個の数値を掛け合わせ、その n 乗根をとることで得られます。

計算式

n 個のデータを $x_1、x_2、x_3、\cdots、x_n$ としたとき

$$幾何平均値 = \sqrt[n]{x_1 \times x_2 \times x_3 \times \cdots \times x_n}$$

問題

伸び盛りのIT企業の起業1年目から4年目までの売上の伸長率を調べたところ、下記のデータが得られた。売上伸長率の幾何平均値を求めよ。

経過年	売上金額（万円）	伸長率
1年目	1,000	
2年目	2,500	2.5
3年目	4,000	1.6
4年目	8,000	2.0

> **解 答**
>
> 2年目の伸長率をx_1、3年目の伸長率をx_2、4年目の伸長率をx_3として、前述の計算式に代入すると
>
> 幾何平均値 $= \sqrt[3]{2.5 \times 1.6 \times 2.0} = \sqrt[3]{8} = 2$
>
> $\sqrt[3]{8}$ は3回掛けて8になる数値
>
>
>
> 以上より、売上金額の年間の平均伸び率は2倍となります。
>
> A. 2倍

幾何平均値に関する留意点

年平均2倍ずつ増えるということは、2年目の売上金額は初年度から見て2倍、3年目は$2 \times 2 = 4$倍、4年目は$2 \times 2 \times 2 = 8$倍になることを意味します。

売上金額を1年目d_1、2年目d_2、3年目d_3、4年目d_4とすると、各年の伸長率(x_1、x_2、x_3)および幾何平均値は以下の式で求めることができます。

$x_1 = d_2 \div d_1$、$x_2 = d_3 \div d_2$、$x_3 = d_4 \div d_3$

幾何平均値 $= \sqrt[3]{x_1 \cdot x_2 \cdot x_3} = \sqrt[3]{\dfrac{d_2}{d_1} \cdot \dfrac{d_3}{d_2} \cdot \dfrac{d_4}{d_3}} = \sqrt[3]{\dfrac{d_4}{d_1}} = \sqrt[3]{\dfrac{8,000}{1,000}} = \sqrt[3]{8}$

つまり、伸長率の幾何平均値は最終年のデータ(8,000)を開始年のデータ(1,000)で割った値(8)の3乗根でも求められるのです。

伸長率の幾何平均値のもう1つの求め方

伸長率の幾何平均値
$= \sqrt[\text{開始年を除いた年数}]{\text{最終年のデータ} \div \text{開始年のデータ}}$

03 Harmonic average 調和平均値

【ちょうわへいきんち】 ▶▶▶ データの逆数の算術平均値を求め、さらにその逆数をとったもの

使える場面 ▶▶▶▶▶▶▶▶▶▶ 往路と復路の全体での平均時速を求めたいときなど

調和平均値は、n 個のデータがあるとき個々のデータの逆数をとり、これらの算術平均値を求め、算術平均値の逆数をとった値です。

調和平均値は、データの逆数に意味があるとき、よく用いられます。逆数に意味があるとは、たとえば、ある距離を移動したときの時速 $x = 30$km/時であるとき、その逆数は $\frac{1}{x} = \frac{1}{30}$ です。これは「1km進むのに所要した時間」にあたるため「逆数に意味がある」ということになります。

計算式

n 個のデータを x_1、x_2、x_3、$\cdots$、x_n としたとき

$$\text{調和平均値} = \frac{1}{\frac{\frac{1}{x_1}+\frac{1}{x_2}+\frac{1}{x_3}+\cdots+\frac{1}{x_n}}{n}} = \frac{n}{\frac{1}{x_1}+\frac{1}{x_2}+\frac{1}{x_3}+\cdots+\frac{1}{x_n}}$$

※ただし、データに 0 および負の値が含まれる場合を除く

問題

下記の時速の調和平均値を求めよ。

区間	時速	所要時間
最初の 60km 区間	30km/時	60km ÷ 30km/時 = 2 時間
中間の 60km 区間	15km/時	60km ÷ 15km/時 = 4 時間
最後の 60km 区間	20km/時	60km ÷ 20km/時 = 3 時間

> **解 答**
>
> 各時速を上から順に x_1、x_2、x_3 とし、前述の計算式に代入すると
>
> $$調和平均値 = \frac{3}{\frac{1}{30} + \frac{1}{15} + \frac{1}{20}}$$
>
> $$= \frac{3}{0.0333 + 0.0667 + 0.05}$$
>
> $$= \frac{3}{0.15}$$
>
> $$= 20.0$$
>
> A. 20km/時

調和平均値に関する留意点

　上記の問題は、合計180kmを9時間かけて走ったので、平均は180÷9＝20km/時と考えられます。この考え方が調和平均値です。

　余談ですが、音の調和を「ハモる」といいます。2つの音が調和する（ハモる）かどうかは、2つの音の周波数の比率で決まります。その関係から、比率の平均を調和平均（ハーモニック平均）と呼びます。

プロの歌手は調和平均の達人でもあるのです

04 Median 中央値

【ちゅうおうち】▶▶▶ データを数値の大きい（あるいは小さい）順に並べたとき、ちょうど真ん中に位置する数値

使える場面 ▶▶▶▶▶▶ 世帯ごとの貯蓄額を求めたいとき
社員がどれくらいの給与かを求めたいときなど

01 代表値——集めたデータの特徴を知る①

データを一定の順序（大きい順、小さい順など）に並べたとき、中央に位置する数値を**中央値**といいます。たとえば、「3、6、12、19、81」の中央値は12です。なお、下表のようにデータ数が偶数の場合は、中央の2個のデータの平均値を中央値とします。

No	a	b	c	d	e	f
データ	5	3	6	2	9	4

↓小さい順にデータを並べ替え

No	d	b	f	a	c	e
データ	2	3	4	5	6	9

中央値 (4 + 5) ÷ 2 = 4.5

問題

医師が1日に平均的に診療する患者数を調べたところ次の結果になった。X病院、Y病院の中央値をそれぞれ求めよ。

X病院

医師	患者数(人)
A	21
B	24
C	24
D	25
E	26
F	26
G	27
H	27
I	28
J	32

Y病院

医師	患者数(人)
Q	21
R	22
S	24
T	25
U	25
V	26
W	26
X	27
Y	28
Z	76

> **解 答**
>
> それぞれの患者数を多いほうから順に並び替え、真ん中に位置する数値が中央値となります（下表）。なお、データ数が10個のため、Y病院の中央値は25（5個目）、26（6個目）の平均値である25.5が中央値となります。
>
>
>
>
>
> | X病院 | |
> |---|---|
> | 平均値 | 26.0 |
> | 中央値 | 26.0 |
>
> | Y病院 | |
> |---|---|
> | 平均値 | 30.0 |
> | 中央値 | 25.5 |
>
> A. X病院 26.0人、Y病院 25.5人

中央値に関する留意点

　上記の問題でX病院の診療患者数の平均値は26.0人、中央値は26.0人で同じ値を示しました。一方、Y病院の平均値は30.0人、中央値は25.5人で、平均値と中央値は異なる値を示しています。Y病院は1人だけずば抜けて患者数が多いZ医師がいるためです。集団の中で異常に大きい（小さい）データがある場合、平均値は異常データの影響を受けますが、中央値は影響を受けません。

　中央値の強みは「異常に大きい（小さい）値の影響をほとんど受けない」ところです。その一方で、中央値には「データの比較にはやや不向き」であるという弱点もあります。

集団の特徴を見るときは、平均値と中央値の両方を見るようにしましょう

平均値と中央値の使い分け

集団の特色を調べる代表値として平均値と中央値があります。平均値と中央値のどちらを使えばよいかは一概にはいえず、**目的に応じて使い分ける**のがよいでしょう。

それではどのようにして、平均値と中央値を使い分けるのがよいかを調べてみましょう。

問題

次に示すデータは、ある会社の20歳代社員の給与（1か月平均）である。ある調査によれば、全国の20歳代の民間企業の給与所得の平均値は24.9万円、中央値は24.0万円である。この会社の20歳代の給与は全国の20歳代の給与と比べて高いといえるか。

（単位：万円）

社員名	A	B	C	D	E	F	G	H	I	J
給与	21	22	23	23	24	24	25	25	26	85

解答

この会社の給与と全国の給与の平均値、中央値はそれぞれ以下の通りです。

この会社の給与

給与の平均値	29.8 万円
給与の中央値	24.0 万円

全国の給与

給与の平均値	24.9 万円
給与の中央値	24.0 万円

この会社の給与の中央値は全国の中央値と同じです。そのため、この会社の給与水準は全国と比べて高いという判断はできません。

用いた解析手法によって結論が異なるので、その原因を調べてみました。この会社にはずば抜けて給与の高い、社長の息子のJさんがいます。Jさんがいることでこの会社の給与の平均が高くなっています。Jさんの給与がもっと高ければ給与の平均はさらに高くなってしまいます。

中央値であれば、Jさんが今より給与が高くなっても中央値は24.0万円で変わりはありません。**集団の中で異常に大きいデータがある場合、平均値は異常データの影響を受けますが、中央値は影響を受けません。**この問題では平均値より中央値を使うのが適切です。結果、この会社の給与水準は全国と比べて同じ水準であるといえます。

A. 高いとはいえない

ランチも豪華！

平均値と中央値の使い分けに関する留意点

一般に中央値はなじみがあまりありません。皆さんが小さい頃から慣れ親しんでいる平均値のほうを適用したい場合は、Jさんを除いた9人の平均値を算出すると23.7万円と中央値に近い値になり、中央値から得られた結論とほぼ同じになります。

平均値を使う場合は異常データを除外して用いるとよいでしょう。

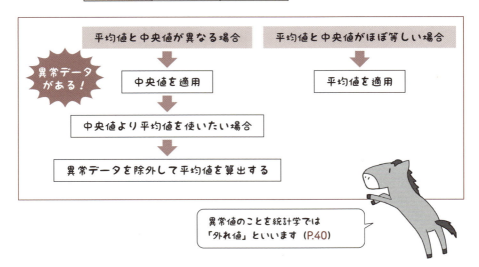

05 Proportion 割合

【わりあい】▶▶▶ 注目している部分の全体に対して占める分量
使える場面 ▶▶▶ 社員の男女比を求めたいとき
　　　　　　　総支出において経費がどれぐらい占めるかを求めたいときなど
別称 ▶▶▶▶▶▶▶ 比率

全体に対する部分の比、あるいは他の数量に対するある数量の比を割合といいます。部分を全体で割ることで求めることができます。

> **計算式**
>
> n を全体の数、c を部分の数とすると
>
> $$P = \frac{c}{n}$$

> **問題**
>
> 家庭で自家用車を保有しているかを調べたところ、次のような結果が得られた。自家用車の保有割合を求めよ。
>
> | 回答者 | A | B | C | D | E |
> |---|---|---|---|---|---|
> | 保有の有無 | 保有 | 非保有 | 保有 | 非保有 | 保有 |

> **解答**
>
> A〜Eの5人の回答者のうち、自家用車を保有しているのは3人、保有していないのは2人です。
>
> 保有している人は5人中3人なので、前述の式に代入すると割合が算出できます。
>
> $P = 3 \div 5 = 0.6$
>
> A. 60%

割合に関する留意点

問題のデータの「保有」を「1」、「非保有」を「0」という数量データにして平均値を計算すると

（1＋0＋1＋0＋1）÷5人＝3÷5人＝0.6

となり、割合の計算で求めた値と一致します。

回答者	A	B	C	D	E
保有の有無	保有	非保有	保有	非保有	保有
保有→1、非保有→0	1	0	1	0	1

「保有」「非保有」のように回答の選択肢（カテゴリー数）が2つの場合は、「保有」を「1」、「非保有」を「0」に置換し、平均値を算出してもかまいません。ただし、血液型（A型、O型、B型、AB型）のようにカテゴリー数が、3つ以上の場合には、この方法は適用することはできません。

> **割合を求めるもう1つの方法**
> カテゴリー数が2つの場合は、ダミー変数に変換（1,0変換）することで、割合だけでなく平均値のどちらでも計算できる

選択肢が2つのときだけ使える裏技です

5段階評価の 2Top 割合と平均

アンケート調査では5段階の段階評価の質問をよく用います。5段階評価で得られたデータはカテゴリーデータ、数量データのどちらでも取り扱え、割合と平均値の両方が計算できます。

> **問題**
>
> 食器用洗剤 X と Y の両方を使用した経験のある人を対象に、各洗剤の評価に関するアンケート調査を行った。**下表**を分析し、どちらの評価が高いかを求めよ。
>
> | 回答者 | A | B | C | D | E | F | G | H | I | J |
> |---|---|---|---|---|---|---|---|---|---|---|
> | 洗剤 X | 5 | 4 | 4 | 3 | 3 | 3 | 3 | 2 | 1 | 1 |
> | 洗剤 Y | 5 | 4 | 3 | 3 | 3 | 3 | 3 | 3 | 2 | 1 |
>
> 1：不満、2：やや不満、3：普通、4：やや満足、5：満足

> **解答**
>
> ## ① カテゴリーデータとして扱う場合（割合を算出）
>
> アンケートの回答データをカテゴリーデータとして取り扱い、割合を算出します。割合は各選択肢における回答人数を全回答人数で割って求めます。
>
> | | 洗剤 X 回答人数 | 洗剤 X % | 洗剤 Y 回答人数 | 洗剤 Y % |
> |---|---|---|---|---|
> | 満足 | 1 | 10% | 1 | 10% |
> | やや満足 | 2 | 20% | 1 | 10% |
> | 普通 | 4 | 40% | 6 | 60% |
> | やや不満 | 1 | 10% | 1 | 10% |
> | 不満 | 2 | 20% | 1 | 10% |
> | 合計 | 10 | 100% | 10 | 100% |
>
> | 満足率（2Top 割合） | |
> |---|---|
> | 洗剤 X | 洗剤 Y |
> | 30% | 20% |
>
> 「満足」と「やや満足」を加算した値を 2Top 割合という
>
> | 不満率（2Bottom 割合） | |
> |---|---|
> | 洗剤 X | 洗剤 Y |
> | 30% | 20% |
>
> 「不満」と「やや不満」を加算した値を 2Bottom 割合という
>
> ①洗剤 X：満足率（2Top）は 30%、不満率（2Bottom）は 30% で、満足率と不満率は同じ
>
> ②洗剤 Y：満足率（2Top）は 20%、不満率（2Bottom）は 20% で、満足率と不満率は同じ
>
> **洗剤 X と洗剤 Y の比較：満足率は洗剤 X が 30% で洗剤 Y の 20% を 10 ポイント上回っている**

② 数量データとして扱う場合（平均値を算出）

5段階評価のデータの平均値を求めるときは、各選択肢の回答人数に分析者が定めたウエイト値を乗じ、求められた値の合計を全回答人数で割ります。

この問題のウエイト値を通常の5段階評価で用いられる不満を1点、やや不満を2点、普通を3点、やや満足を4点、満足を5点の数量データとして取り扱い、平均値を算出します。

		洗剤 X	洗剤 Y
満足	5点	5×1＝ 5	5×1＝ 5
やや満足	4点	4×2＝ 8	4×1＝ 4
普通	3点	3×4＝12	3×6＝18
やや不満	2点	2×1＝ 2	2×1＝ 2
不満	1点	1×2＝ 2	1×1＝ 1
a. 合計		29	30
b. 回答人数		10	10
a÷b. 平均値		2.9	3.0

ウエイト値×度数

洗剤 X の平均値は 2.9 点、洗剤 Y の平均値は 3.0 点となり、平均値は洗剤 Y が洗剤 X を上回り、洗剤 X より洗剤 Y のほうが評価が高かったことがわかります。

A. 満足率は X のほうが高いが、評価の平均点は Y のほうが高い

5段階評価の 2Top 割合と平均に関する留意点

段階評価を下記のような4段階で質問することがあります。

> **4段階の質問の例**
> 1. 満足
> 2. どちらかといえば満足
> 3. どちらかといえば不満
> 4. 不満

これは「普通」や「どちらともいえない」の中間の回答者を「満足」「不満」のどちらかに分類したいとき（白黒はっきりさせたいとき）に用います。

このように中間のない4択の選択肢で質問したデータも数量データとして平均値を使ってもよいのでしょうか？ このデータの代表値は割合で平均値を使ってはいけません。

> **中間のない選択肢で集めたデータを分析する際の注意点**
>
> **カテゴリーデータとして割合を求めないと適切な結果が得られない。**
> ※数量データとして平均値を求める方法は使えないことに注意！

5段階評価（1～5点）の場合、選択肢ごとの評価間隔は1点で等間隔です。しかし、4段階評価（1～4点）の場合、中間の選択肢がないため、「どちらかといえば満足」「どちらかといえば不満」の評価間隔は他の選択肢と比べ等間隔とはいえません。この隔たりがあるとデータが歪む可能性が出てきます。

5段階評価の2Top割合と平均の使い分け

問題

食器用洗剤XとYの評価グラフを描いたところ、割合では洗剤Xの評価が高く、平均値では洗剤Yの評価が高くなっている。用いる解析手法によって結論が異なる原因を述べよ。

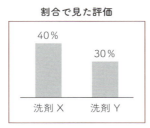
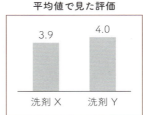

> **解 答**
>
> 前述のように割合（2Top 割合）は「満足とやや満足」の片側に着目し、着目した選択肢の回答者数を全回答人数で割ることによって求められています。
> このように割合は集団の片側を示す代表値です。一方、平均値は調べたい集団すべてのデータを合計し総人数で割った値です。つまり集団の真ん中（両側を見ている）を示す代表値です。このように割合（片側）と平均値（真ん中）２つの解析手法によって異なる結果が出たということになります。
>
> **A. 集団のどこに着目するかの違いによる**

5 段階評価の 2Top 割合と平均の使い分けに関する留意点

　最近よく行われている CS 調査（顧客満足度調査）は、いかに満足する人を増やすか、あるいは不満を抱く人を減らすか、つまり片側を増やす（減らす）方法を考えるための調査です。したがって CS 調査ではカテゴリーの分析（割合を求める統計手法）を用います。

　では、平均値を使って CS 分析を行ってはいけないのでしょうか？

　もちろんかまいませんが、割合と平均値は着目する点が異なるということを認識して分析する必要があります。

企業の CS ランキングなどは平均値を用いた解析結果が多いようです

06 Percentile パーセンタイル

【ぱーせんたいる】▶▶▶ データを大きさ順で並べて100個に区切り、小さいほうからのどの位置にあるかを見たもの

使える場面 ▶▶▶▶▶▶▶ 年間売上高で見たとき、自社が業界のどの位置にあるかをざっくり知りたいときなど

パーセンタイル値は、データを大きいほうから順に並べて100個に区切り、小さいほうからどの位置にあるかを示します。つまり、50パーセンタイルは、「小さいほうから$\frac{50}{100}$のところにあるデータ」という位置を示す用語なのです。

- 25パーセンタイル：第1四分位点（The first quartile）
- 50パーセンタイル：中央値（Median）
- 75パーセンタイル：第3四分位点（The third quartile）

$\frac{25}{100}$区切りで呼び名がついています

なお、「パーセンタイル」は百分率の「パーセント」とは異なります。パーセントは、率を表し、たとえば50％は「半数」という全体に占める割合を示します。

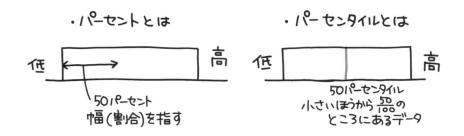

> **問題**
>
> ある学校における入学テストの得点について、第1四分位点、中央値、第3四分位点、80パーセンタイルを求めた。この結果からどんなことが読み取れるかを述べよ。
>
> | | 第1四分位点 | 中央値 | 第3四分位点 | 80パーセンタイル |
> |---|---|---|---|---|
> | 得点 | 52 | 60 | 68 | 72 |

> **解答の一例**
>
> A.
>
> 第1四分位点 ▶▶▶▶▶▶ 全受験者の中で点数の低い25%以下を不合格とする場合、第1四分位点である52点より低い受験者は不合格となる。
>
> 第3四分位点 ▶▶▶▶▶▶ 全受験者の中で第3四分位点である75%以上に入るためには、68点以上とればよい。
>
> 80パーセンタイル ▶▶▶ 80%パーセンタイルである72点より高い受験者は全受験者の20%を占める。

パーセンタイルに関する留意点

　パーセンタイルの計算方法は書籍や計算ソフトによって少し異なるところがありますが、データが多数ある場合、集団の特徴を調べる目的においてはどの方法を使用しても問題はありません。

パーセンタイルの求め方

代表値――集めたデータの特徴を知る①

パーセンタイルの計算方法の手順を問題を解きながら伝授します。

問題

次の10個のデータについて、80パーセンタイルを求めよ。

データ	A	B	C	D	E	F	G	H	I	J
	21	22	33	28	50	26	24	25	35	32

解答

① まず10個のデータを昇順で並べ替える

	A	B	G	H	F	D	J	C	I	E
順位	1番	2番	3番	4番	5番	6番	7番	8番	9番	10番
並べ替え	21	22	24	25	26	28	32	33	35	50

② 80％の小数点を求める

→ 0.8

③ 80％は何番目かを求める

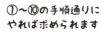

（データ数＋1）× 80％の小数点
=（10＋1）× 0.8
= 11 × 0.8
= 8.8〔番目〕

①〜⑩の手順通りにやれば求められます

④ 8.8番目の整数部分を求める

→ 8〔番〕

⑤ 8番目のデータを求める

→ 33

⑥ 8.8番目を切り上げた値を求める

→ 9〔番〕

⑦ 9番目のデータを求める

→ 35

このように 8.8 番目のデータは 33 と 35 の間にあることがわかります。

⑧ 33 と 35 の差分を見る

9番目データ − 8番目データ
＝ 35 − 33
＝ 2

⑨ 8.8番目の小数点以下の数値を求める

→ 0.8

⑩ 80 パーセンタイルを求める

8番目のデータ ＋ 差分 × 8.8番目の小数点以下数値
＝ 33 ＋ 2 × 0.8
＝ 34.6

A. 34.6

07 最頻値
Mode

【さいひんち】▶▶▶ データの中で最も個数が多い値
使える場面 ▶▶▶▶▶ ある中学校の生徒のお小遣い(金額)で最も多くの生徒がもらっている金額を求めるときなど
別称 ▶▶▶▶▶▶▶▶▶ モード

データの中で最もよく現れる数字あるいは、階級の階級値のことを**最頻値**といいます。
最頻値の強みは「外れ値の影響を受けない」ことですが、「データの数が少ないとあまり役に立たない」という弱点もあります。

「2、3、3、7、7、7、8」の最頻値は7です

問題

次のデータはある統計ゼミの学生の欠席日数を示したものである。このデータの最頻値を求めよ。

学生	A	B	C	D	E	F	G	H	I	J	K
欠席日数	3	1	4	2	4	4	6	5	3	5	40

丸テーブルの方がいい?

> **解 答**
>
> データを昇順で並べ替え、同じ数値の個数を数えます。
>
> 1日、2日、3日、3日、4日、4日、4日、5日、5日、6日、40日
>   　　2個　　　　3個　　　　2個
>
> 個数の最大は4日の3個です。
>
> これより最頻値は4日となります。
>
> A. 4日

最頻値に関する留意点

度数分布表のデータでは、最も度数の大きい階級における階級値のことを最頻値と表現することもあります。下表は大相撲幕内力士42人の体重の度数分布表で、最頻値は160kgです。

階級	110kg以上 130kg未満	130kg以上 150kg未満	150kg以上 170kg未満	170kg以上 190kg未満	190kg以上 210kg未満	210kg以上 230kg未満	計
階級幅	20kg	20kg	20kg	20kg	20kg	20kg	
階級値	120kg	140kg	160kg	180kg	200kg	220kg	
力士数	3	6	14	11	6	2	42

↑最頻値

また、単純集計表のデータでは、最も度数の大きい選択肢における階級値のことを最頻値と表現することもあります。20歳代女性67名に好きな色は何かを聞いたアンケートの結果（下表）では、最頻値は紫色ということになります。

色	緑色	赤色	黄色	青色	紺色	桃色	紫色	計
選択人数	9	10	8	7	7	11	15	67

↑最頻値

Chapter

散布度

集めたデータの特徴を知る②

豚カツの大きさにばらつきあり

散布度
Dispersion

【さんぷど】▶▶▶ データのバラツキの度合いを表す数値。
標準偏差や分散など

　たとえば、ある病院に勤務している医師たちの1日の診療患者数のデータがあったとします。1日に診療する患者数が多い医師もいれば少ない医師もいます。このような個々のデータのバラツキを**変動**といい、その度合いを1つの値で表したものを**散布度**といいます。

- 変動：データのバラツキ
- 散布度：バラツキの度合い

　散布度にはいろいろな表し方がありますが、基本的には代表値（平均値など）を基準にしてどれくらい変動があるかを考えます。

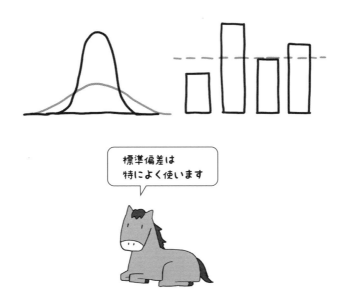

標準偏差は特によく使います

26

08 標準偏差

Standard deviation

【ひょうじゅんへんさ】 ▶▶▶ データのバラツキの大きさを見る指標
使える場面 ▶▶▶▶▶▶▶▶▶▶ 月間売り上げのバラツキの大きさを見たいときなど

標準偏差はデータのバラツキの大きさを見る指標で、平均値を基準としてプラス方向・マイナス方向に、データがどれくらい広がっているかを数値化したものです。

標準偏差の値

- 最小値がゼロ
- データの「バラツキの程度」が大きいほど値が大きくなる

西暦1800年の終わり頃に標準偏差が考えられたことによって、統計学は急速に発展したのです

問題

次のデータは、ある企業の1日の女性と男性の喫煙本数を示したものである。データのバラツキが大きいのは男性・女性のどちらかを求めよ。

喫煙本数

女性	
阿部	5本
石田	3本
佐藤	4本
田中	7本
松本	6本
平均値	5本

男性	
青木	1本
井山	9本
鈴木	3本
高橋	7本
渡辺	5本
平均値	5本

解 答

問題のデータを点グラフにしたものが下図です。

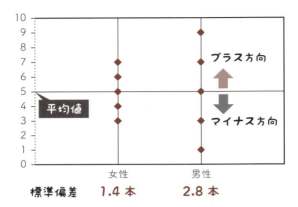

女性と男性を比較すると、女性は平均値に近いところにデータが集中しバラツキは小さいことがわかります。一方、男性は平均値から離れたデータがあり、バラツキが大きくなっています。

標準偏差を求めると、女性は1.4本、男性は2.8本（求め方は後述）で、上図からもわかるように標準偏差から女性の喫煙本数は男性よりバラツキが小さいことがわかります。

A. 男性

標準偏差の求め方

標準偏差を求めるにあたっては、「平均値（Average）」「偏差（Deviation）」「偏差平方（Deviation square）」「偏差平方和（Sum of squared deviations）」「分散（Variance）」を求める必要があります。

- **偏差**：個々のデータから平均を引いた値
- **偏差平方**：偏差を平方（2乗）した値
- **偏差平方和**：個々の偏差平方を合計した値
- **分散**：偏差平方の平均値
- **標準偏差**：分散の平方根（ルート）；標準偏差＝$\sqrt{分散}$

問題

下表は、ある会社の女性社員の1日における喫煙本数のデータである。このデータの標準偏差を求めよ。

女性	喫煙本数
阿部	5本
石田	3本
佐藤	4本
田中	7本
松本	6本
平均値	5本

解 答

計算方法を次の表で1つひとつ確認しましょう。

平方することによりマイナスがなくなる

	女性喫煙本数	偏差	偏差平方
	5本	= 5 − 5 = 0	0 × 0 = 0
	3本	= 3 − 5 = − 2	(− 2) × (− 2) = 4
	4本	− 1	(− 1) × (− 1) = 1
	7本	2	2 × 2 = 4
	6本	1	1 × 1 = 1
合計	25本	0	10

← 偏差平方和

分散 = $\frac{偏差平方和}{データ個数}$ = $\frac{10}{5}$ = 2

標準偏差 = $\sqrt{分散}$ = $\sqrt{2}$ = 1.41421356…

A. 1.4本

元の数量データに単位がある場合は標準偏差にも単位があります

分散に関する留意点

　分散はデータがどの程度平均値の周りにバラついているかを表す指標です。ただし、分散同士は比較できますが、平均値と足し算したり、比較したりできません。これは、分散を計算する際に各データを2乗したものを用いているためです。

　たとえば、50人の身長を「cm」で測定した場合、平均の単位は「cm」となります。しかし、分散の単位はその2乗の「cm^2」となるため、平均値とそのまま比較したり計算したりすることはできません。

　そのため平均値と比較等したい場合にはルートで元の値のスケールに戻します。その値が標準偏差となります。

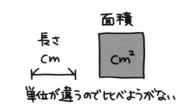

割合（1,0 データ）の標準偏差

【わりあいのひょうじゅんへんさ】

▶▶▶ アンケート調査などの「はい」「いいえ」といった数値で測定できない 2 値のデータのバラツキの大きさを見る指標

使える場面 ▶▶▶ アンケート調査での 2 値のカテゴリーデータの標準偏差を求めたいときなど

データには大きく分けて、**数量データとカテゴリーデータ**があります。

- **数量データ**：数値として足したり引いたりできるデータ
  （例：身長、体重）
- **カテゴリーデータ**：数値で測定できないデータ
  （例：性別、好きな食べ物）

たとえばアンケート調査などの「満足、不満」の 2 値のカテゴリーデータは「1,0 データ」に変換することにより標準偏差を求めることができます。

> 計算式
>
> 「1,0」データの「1」の割合を P としたとき
>
> **分散** $= P(1-P)$、**標準偏差** $= \sqrt{P(1-P)}$

> 問題
>
> 下表のデータはある商品の満足度を調べたものである。このデータを満足：1、不満：0 の「1,0」データに変換したとき分散と標準偏差を求めよ。
>
> | | データ |
> |---|---|
> | 田中 | 1 |
> | 山田 | 0 |
> | 中村 | 1 |
> | 佐藤 | 0 |
> | 鈴木 | 1 |
>
> 満足：1、不満：0

> **解 答**
>
> 満足している人の割合は、全体5人に対して3人なので
>
> 3 ÷ 5 = 0.6
>
> 0.6 を前述の計算式にあてはめると
>
> 分散 = 0.6（1 − 0.6）= 0.24
>
> 標準偏差 = $\sqrt{0.24}$ = 0.49
>
> **A. 分散 0.24、標準偏差 0.49**

ちなみに、公式を使わずに計算すると

	データ	偏差	偏差平方
	1	1 − 0.6 = 0.4	0.16
	0	0 − 0.6 = − 0.6	0.36
	1	1 − 0.6 = 0.4	0.16
	0	0 − 0.6 = − 0.6	0.36
	1	1 − 0.6 = 0.4	0.16
合計	3	0	1.20 ← 偏差平方和
平均	0.6		0.24 ← 分散

データの平均値は 0.6、分散は 0.24 になりました。標準偏差も計算すると 0.49 となり、公式を使用した場合と同じ計算結果になります。

カテゴリーデータに関する留意点

　上記の問題のように、「満足・不満」や「男・女」などで評価されたカテゴリーデータの基準を**名義尺度**といいます。大小関係はなく、お互いを比較する際に同じであるかどうかだけが重要となります。

　カテゴリーデータを評価する基準にはもう1つあり、それを**順序尺度**といいます。比較する際、同じであるかどうかに加えて、大小関係をもちます。

標準偏差計算式の「n」と「$n-1$」との違い

分散、標準偏差の求め方には、下記の2つの方法があります。

データの個数を n としたとき

① 標本分散 $= \dfrac{偏差平方和}{n}$ 、 標準偏差 $= \sqrt{\dfrac{偏差平方和}{n}}$

② 不偏分散 $= \dfrac{偏差平方和}{n-1}$ 、 標準偏差 $= \sqrt{\dfrac{偏差平方和}{n-1}}$

観測したデータ全体のバラツキを見る場合は、①の公式を使います。

アンケート調査や抜き取り検査など、抽出したデータから全体を推測する場合や、抽出データのバラツキを見る場合は②を使います。

たとえば、日本人全員の身長の標準偏差を知るのは困難です。その場合、一部のデータから推測するしかないので、②の式を使います。②で求めた分散は**不偏分散**とも呼ばれます。

不偏分散に関する留意点

データから推測した標準偏差は、実際の母集団の標準偏差よりもやや小さい値を取ってしまうことが知られています。そのため、「$n-1$」で割り、データから推測した標準偏差よりも少しだけ大きい値にするのが、推測値として適切なのです。

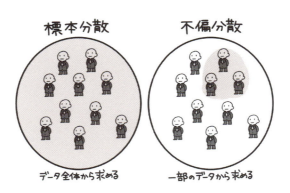

10 変動係数
Coefficient of variation

【へんどうけいすう】 ▶▶▶ 標準偏差を平均値で割ったもので単位をもたない数値
使える場面 ▶▶▶▶▶▶▶▶ 身長と体重など単位が違うデータのバラツキを比較したいときなど

　標準偏差を平均で割った値を**変動係数**といいます。変動係数は単位のない数値で、相対的なバラツキを表しています。男性と女性の身長などの平均値が異なる集団、身長（cm）と体重（kg）などのデータ単位の異なる集団のバラツキを比較する場合に用いられます。

計算式

$$変動係数 = \frac{標準偏差}{平均値}$$

問題

ある工場の製品ついて抜取り検査を行い30個の製品の重量と寸法を調べたところ、下記のデータが得られた。
重量と寸法それぞれの変動係数を求めよ。

	重量（g）	寸法(cm)
平均	40	150
標準偏差	8	15

寸法のほうが標準偏差の値が大きいけれど……

> **解答**
>
> 重量、寸法をそれぞれ前述の式にあてはめて計算します。
>
> ▶▶▶ **重量の変動係数**
> $8 ÷ 40 = 0.2$
>
> ▶▶▶ **寸法の変動係数**
> $15 ÷ 150 = 0.1$
>
>
> 単位をよく確認すること！
>
> | | 重量（g） | 寸法(cm) |
> |---|---|---|
> | 平均 | 40 | 150 |
> | 標準偏差 | 8 | 15 |
> | 変動係数 | 0.2 | 0.1 |
>
> 標準偏差の値が大きいからとバラツキも大きいと勘違いしないように！
>
> **A. 重量 0.2、寸法 0.1**

変動係数に関する留意点

上記の例でもわかるように、**変動係数には単位がありません。**これは重要な特徴です。平均値が異なるデータや単位が異なるデータの標準偏差では比較する意味がありません。そのようなときが変動係数の出番です。単位がなければ、どのようなスケール、どのような単位であっても比較可能になります。

変動係数がいくつ以上あればバラツキが大きいという統計学的基準はありませんが、1以上は「大きい」、0.5以上1未満は「やや大きい」といえます。

> **変動係数の判断の目安**
> ・変動係数 ≧ 1 ………大きい（外れ値あり）
> ・0.5 ≦ 変動係数 < 1 ………やや大きい

11 四分位範囲と四分位偏差

Interquartile range　　Quartile deviation

【しぶんいはんい】▶▶▶ 第3四分位点と第1四分位点との差
【しぶんいへんさ】▶▶▶ 四分位範囲の半分の値
使える場面 ▶▶▶▶▶▶ 極端な値に影響を受けずにデータのバラツキの大きさを知りたいときなど

　第3四分位点と第1四分位点との差を<u>四分位範囲</u>といい、四分位範囲の半分の値を<u>四分位偏差</u>といいます。標準偏差と同じく集団のバラツキを見る指標です。
　四分位範囲が大きければ、データのバラツキが大きいといえます。
　極端に大きな値または小さな値（外れ値）があるとき、標準偏差の値はその影響を受けますが、四分位偏差はデータの中央50％で決まるので影響を受けにくいのです。

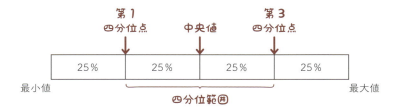

計算式

- 四分位範囲＝第3四分位点－第1四分位点
- 四分位偏差＝$\dfrac{四分位範囲}{2}$

第1四分位点のことを「下ヒンジ」、第3四分位点のことを「上ヒンジ」ともいいます
なぜ「ヒンジ」かというと、ヒンジはそもそも蝶番のことで、箱ひげ図が蝶番のように見えるからともいわれています（P.38）

02

散布度──集めたデータの特徴を知る②

> **問 題**

下記のデータを利用して、データA、Bそれぞれの四分位偏差を求めよ。

データA	データB
1	1
2	2
2	2
3	3
3	3
3	3
3	3
4	4
4	4
4	4
4	4
4	4
4	4
5	5
5	5
5	5
5	5
5	5
5	5
100	5

	データA	データB
件数	20	20
平均値	8.55	3.80
標準偏差	21.01	1.17
第1四分位点（下ヒンジ）	3.00	3.00
中央値	4.00	4.00
第3四分位点（上ヒンジ）	5.00	5.00

> **解 答**

四分位偏差を求めるには、まず四分位範囲を求めなければなりません。

▶▶▶ データAの四分位偏差

四分位範囲＝ 5.00 － 3.00

＝ 2.00

四分位偏差＝ $\dfrac{2.00}{2}$ ＝ 1.00

▶▶▶ データBの四分位偏差

四分位範囲＝ 5.00 － 3.00

＝ 2.00

四分位偏差＝ $\dfrac{2.00}{2}$ ＝ 1.00

A. データA：1.00、 データB：1.00

四分位範囲に関する留意点

　上記の例を見ると、標準偏差に大きな差がありますが、四分位偏差は同じになりました。**これは、四分位範囲という指標が標準偏差よりも大きな値または小さな値（外れ値）の影響を受けにくいから**です。繰り返しになりますが、四分位範囲が大きければ、データのバラツキが大きいといえます。

　ただし、四分位範囲によるデータのバラツキは中央値周りのものを表す値であり、分散・標準偏差によるデータのバラツキは平均値周りのバラツキを表す値です。単純にデータのバラツキといっても両者では意味合いが少し違うことを覚えておきましょう。

12 5数要約と箱ひげ図
Box-and-whisker plot

【はこひげず】 ▶▶▶ データのバラツキ度合いを示した図
使える場面 ▶▶▶▶ 複数の取引企業に使った経費のバラツキを比べて確認したいときなど

箱ひげ図は下記の5つの統計量（5数要約）をグラフにしたものです。
　箱ひげ図は、データに異常値があったり、集団の分布がわからないとき、集団の特徴を調べるのに使われます。

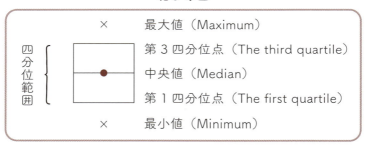

箱ひげ図

四分位範囲
- ×　最大値（Maximum）
- 第3四分位点（The third quartile）
- 中央値（Median）
- 第1四分位点（The first quartile）
- ×　最小値（Minimum）

箱ひげ図の描き方

① データの最大値・最小値・第1四分位点・中央値・第3四分位点を調べる

⬇

② 第1四分位点と第3四分位点を両端とする長方形を描く

⬇

③ その長方形を中央値で分割するように仕切りを描く

問題

下表は主婦のタンス貯金について調べたアンケートの結果で、各種統計量を示している。表をもとに年代別の箱ひげ図を描け。

箱ひげ図統計量表

	30歳代	40歳代	50歳代
件数	21	23	19
最大値	30	50	60
第3四分位点（上ヒンジ）	14	20	30
中央値	9	10	15
第1四分位点（下ヒンジ）	5	5	10
最小値	1	2	4
平均値	9.4	14.5	20.6
標準偏差	6.6	11.4	15.3

数値だけだとわかりづらいですね

解答

下記の通り。箱ひげ図を描くことによって、年代別の分布や特徴がよくわかります。

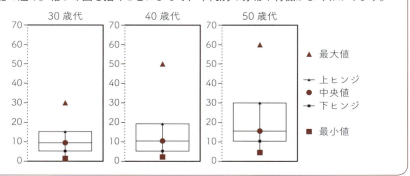

箱ひげ図に関する留意点

　統計における分析方法の中でも、比較的簡単にデータのバラツキを把握できるのが箱ひげ図の良いところです。また、上記の問題のようにデータの集合体ごとに描くことで、各データのバラツキを調べることができます。

　このように**箱ひげ図**は簡単にデータのバラツキを可視化することができ、データの分布を確認する手法の1つとして活用されています。

外れ値

【はずれち】▶▶▶ データに含まれる極端に大きな値または小さな値

　集団に属するデータにおいて、値の大きい（小さい）データがあり、そのデータが他と比べて極端に大きい（小さい）といえる場合、**外れ値**といいます。

　測定ミス・記録ミス等に起因する異常値と外れ値は概念的には異なりますが、実務上は区別できないこともあります。

　外れ値の見つけ方には下記の2つの方法があります。

外れ値の見つけ方

- 正規分布でないとき・わからないとき：箱ひげ図を適用
- 正規分布のとき：スミルノフ・グラブス検定を適用

箱ひげ図による外れ値の見つけ方を示します。
下図のように**上内境界点**、**下内境界点**を加えた7数要約の箱ひげ図を作成します。

上内境界点と下内境界点の範囲から外れるデータを外れ値とします。

なお、上内境界点と下内境界点の求め方は下記の通りです。

① まず、上側点と下側点を算出する

- 四分位範囲＝第3四分位点－第1四分位点
- 上側点＝第3四分位点＋四分位範囲×1.5
- 下側点＝第1四分位点－四分位範囲×1.5

※注：1.5は統計学が定めた定数

② 上内境界点は下記で決定する

上側点と下側点の範囲内に最大値はあるか？
- ある→上内境界点は最大値
- ない→上内境界点は上側点

外れ値と異常値の区別は容易ではないので、極端な値が発生した経緯や原因をよく調べる必要があります

③ 下内境界点は下記で決定する

上側点と下側点の範囲内に最小値はあるか？
- ある→下内境界点は最小値
- ない→下内境界点は下側点

外れ値に関する留意点

　外れ値と異常値、どちらも英語のoutlierの訳語として用いられています。"outliers"は「部外者」「異端児」という意味から、「他より著しく異なり、決められたルールに迎合せず、自らの信念を貫く生き方をする人」を指す場合にも使われます。

　前述の通り、外れ値とは、集団に属するデータにおいて、値が極端に大きい、または小さいものを指します。一方、**異常値とは、外れ値の中でも測定ミス・記録ミス等その原因がわかっているものを指します**。データにおいて極端な値があったとしても必ずしも異常値とは限りません。

外れ値の求め方

問 題

P.21 で用いたデータを用い、上内境界点、下内境界点を算出せよ。

	A	B	C	D	E	F	G	H	I	J
データ	21	22	33	28	50	26	24	25	35	32

解 答

まずデータを左から小さい順に並び替えます。

	A	B	G	H	F	D	J	C	I	E
データ	21	22	24	25	26	28	32	33	35	50

四分位範囲＝（第3四分位点－第1四分位点）＝ 33.5 － 23.5 ＝ 10

上側点＝第3四分位点＋四分位範囲× 1.5 ＝ 33.5 ＋ 10 × 1.5 ＝ 48.5

下側点＝第1四分位点－四分位範囲× 1.5 ＝ 23.5 － 10 × 1.5 ＝ 8.5

ここで前述の上内境界点と下内境界点の判別法を適用すると

上側点 48.5 と下側点 8.5 の範囲内に最大値 50 はあるか？

・ない→上内境界点は上側点48.5

上側点 48.5 と下側点 8.5 の範囲内に最小値 21 はあるか？

・ある→下内境界点は最小値21

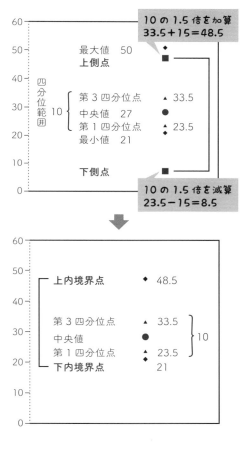

A. 上内境界点は上側点 48.5、下内境界点は最小値 21

外れ値の求め方に関する留意点

　上記の図を参考にすると、上内境界点 48.5 と下内境界点 21 の範囲から外れるデータ E の 50 が外れ値となります。このように、箱ひげ図を利用すれば上内境界点と下内境界点がわかりやすくなります。難しく考えず、「**上側点と下側点の範囲内に最小値および最大値はあるか？**」だけを確認すればいいのです。

13 基準値
normalized score

【きじゅんち】▶▶▶ 個体データから平均値を引き、その値を標準偏差で割った値

基準値とは、集団に属する個体データが、集団の中でどの位置にあるかを示す数値です。
基準値は個体データから平均値を引き、その値を標準偏差で割ることによって求められます。

計算式

$$基準値 = \frac{個体データ - 平均値}{標準偏差}$$

学生 50 人のテスト成績の平均値は 60 点、標準偏差は 10 点であったとします。学生 A 君の得点が 72 点であるとき、基準値は上記の計算式の通り 1.2 になります。

$$基準値 = \frac{72 - 60}{10} = \frac{12}{10} = 1.2$$

集団全数（この例では 50 人）の基準値の平均は 0、標準偏差は 1 になります。A 君は 1.2 で**プラスの値なので集団の真ん中より上に位置することがわかります**。
難易度の異なる（平均値や標準偏差が異なる）複数の科目について、A 君のテストの点はどの科目が優れているかを知りたい場合、粗点では比較できませんが、基準値はどの科目も平均 0、標準偏差が 1 となるので比較可能となるのです。

基準値は検査などでいう正常値とは別物です

> **問題**

大学相撲部の選手3人の総合体力を身長と体重で調べることにした。以下のデータを用いて基準値を求め総合体力1位の選手を求めよ。

学生	データ 身長（cm）	体重（kg）
A	189	77
B	180	92
C	171	77
平均値	180.0	82.0
標準偏差	7.35	7.07

 189cm 77kg
 180cm 92kg
 171cm 77kg

> **解答**

学生Aのデータを例にとって、身長、体重それぞれの基準値を求めてみましょう。

・身長の基準値 $= \dfrac{189 - 180}{7.35} = 1.224\ldots = 1.22$

・体重の基準値 $= \dfrac{77 - 82}{7.07} = -0.707\ldots = -0.71$

残りのB、Cも同じように計算すると次の表のようになります。

学生	データ 身長(cm)	体重(kg)	基準値 身長	体重	合計
A	189	77	1.22	−0.71	0.52
B	180	92	0.00	1.41	1.41
C	171	77	−1.22	−0.71	−1.93
平均値	180.0	82.0	0.00	0.00	
標準偏差	7.35	7.07	1.00	1.00	

基準値は平均0、標準偏差が1となるように算出されるところがポイントです。

身長と体重の基準値の合計を見ると、学生Bの合計が最大となります。

A. 学生B

基準値に関する留意点

身長と体重とでは、単位が異なり、さらには平均値や標準偏差が異なるため、**データをそのまま比較したり合計したりすることはできません**。上記の問題のように、基準値を求めれば、身長と体重の評価ができるようになります。

14 偏差値
Deviation value

【へんさち】▶▶▶ 集団の中でのバラツキを考慮して評価した値
使える場面 ▶▶▶ 科目の異なるテスト成績の比較をしたいとき、商品ごとの性能を比較したいときなど

　偏差値という言葉は、皆さんも受験などでよく目にしたのではないでしょうか。点数だけではわからない、集団の中での立ち位置や優れている度合いを示す指標となるものです。偏差値は、基準値を10倍し50を加算することで求めることができます。

> **計算式**
> 偏差値＝ 10 ×基準値＋ 50

　たとえば学生50人のテスト成績の平均値は60点、標準偏差は10点だったとします。学生B君の得点が65点のとき、基準値は0.5になります。

基準値＝ $\frac{65 - 60}{10} = \frac{5}{10} =$ 0.5

偏差値＝ 10 × 0.5 ＋ 50 ＝ 5 ＋ 50 ＝ 55

B君の偏差値は55となります。

　偏差値の平均値は50、標準偏差は10です。平均値や標準偏差、データの単位が異なっている項目が複数あるとき、項目相互のデータ比較はできません。このような場合、個体データを偏差値に置き換えることによって比較したり、合計することができるようになります。

> **問題**
>
> 「10. 基準値」（P.45）で使用した大学相撲部の選手3人のデータ（下表）を用いて総合体力を偏差値で求め、総合体力1位の選手を求めよ。
>
> | 学生 | データ | | 基準値 | |
> |---|---|---|---|---|
> | | 身長（cm） | 体重（kg） | 身長 | 体重 |
> | A | 189 | 77 | 1.22 | − 0.71 |
> | B | 180 | 92 | 0.00 | 1.41 |
> | C | 171 | 77 | − 1.22 | − 0.71 |
> | 平均値 | 180.0 | 82.0 | 0.00 | 0.00 |
> | 標準偏差 | 7.35 | 7.07 | 1.00 | 1.00 |

> **解答**
>
> 学生Aのデータを例にとって、身長、体重それぞれの偏差値を求めてみましょう。
>
> ・身長の偏差値 = 10 × 1.22 + 50 = 62.2
> ・体重の偏差値 = 10 ×（− 0.71）+ 50 = 42.9
>
> 残りのB、Cも同じように計算すると**下表**になります。
>
> | 学生 | データ | | 偏差値 | | |
> |---|---|---|---|---|---|
> | | 身長（cm） | 体重（kg） | 身長 | 体重 | 合計 |
> | A | 189 | 77 | 62.2 | 42.9 | 105.2 |
> | B | 180 | 92 | 50.0 | 64.1 | 114.1 |
> | C | 171 | 77 | 37.8 | 42.9 | 80.7 |
> | 平均値 | 180.0 | 82.0 | 50.0 | 50.0 | |
> | 標準偏差 | 7.35 | 7.07 | 10.00 | 10.00 | |
>
>
>
> 身長と体重の偏差値の合計を見ると、学生Bの合計が最大となります。
>
> **A. 学生B**

偏差値に関する留意点

身長と体重は単位が異なるので合計できませんが偏差値は合計することができます。

このように、偏差値とは集団の中でのバラツキを考慮して評価した値であり、集団の中心からどれくらいの位置にいるかを表した数値です。単位の違うものを比較できる非常に便利なものです。

Chapter 03

相関分析

2つの事柄の関連性を調べる

統計マニアには世界がこう見えている

相関分析

Correlation analysis

【そうかんぶんせき】▶▶▶ 2つの事柄（項目）の関係を調べる方法
別称 ▶▶▶▶▶▶▶▶▶▶▶ 2変量解析（Bivariate analysis）

　2つの事柄（項目、変数）の関係を調べる解析手法を総称して**相関分析**といいます。
　相関分析にはいろいろな手法があります。使用する解析手法は、測定されたデータが「数量データ」、「順位データ」、「カテゴリーデータ」かによって決まります。

データタイプ	尺度名	例
数量データ	距離尺度	○時間、○cm
順位データ	順序尺度	1位、2位、3位 5段階評価
カテゴリーデータ	名義尺度	男性、女性

たとえば、次のような5つのテーマについて調べるとします。

① 学習時間とテストの成績は関係があるか

② 所得階層と支持する政党は関係があるか

③ 年齢と好きな商品は関係があるか

④ 血液型とタンス貯金は関係があるか

⑤ 大浴場の満足度と旅館の総合満足度は関係があるか

各テーマの相関分析のデータタイプ、解析手法、相関係数は下記の通りです。

項目と選択肢		データタイプ	解析手法	相関係数
① 学習時間	△時間	数量データ	相関図	単相関係数（単回帰式）
テスト成績	△点	数量データ		
② 所得階層	高所得／中所得／低所得	カテゴリーデータ	クロス集計	クラメール連関係数
支持政党	A党／B党／C党	カテゴリーデータ		
③ 年齢	△歳	数量データ	カテゴリー別平均	相関比
好きな商品	P商品／Q商品／R商品	カテゴリーデータ		
④ 血液型	A型／O型／B型／AB型	カテゴリーデータ	カテゴリー別平均	相関比
タンス貯金	△円	数量データ		
⑤ 大浴場満足度	5段階評価	順位データ	度数分布クロス集計	スピアマン順位相関係数
旅館総合満足度	5段階評価	順位データ		

Functional relationship
関数関係

【かんすうかんけい】 ▶▶▶ 2変数の片方が決まればもう片方も決まる関係

2項目間の関係には**関数関係**と**相関関係**があります。
以下、関数関係について、具体例を使って説明します。

具体例

1時間60kmの速さで走る自動車があるとします。この自動車は2時間で120km、3時間では180km、4時間では240km走ります。
ここで、走る時間を x 軸（横軸）、その間に走った距離を y 軸（縦軸）にとり、グラフを描くと**下図**に示すような直線になります。

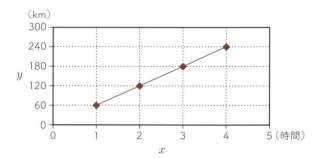

走った時間（x）と、その間に走った距離（y）との関係を式で表すと、$y = 60x$ となります。たとえば、10時間で何km走るか計算するには、x に10を代入すれば距離を求めることができます。
実際に計算すると

$y = 60 \times 10 = 600$ km

このように、x の値が決まればそれに応じて y の値が決まるとき、「x と y の間には**関数関係**がある」といいます。
　特に、x と y の間に次式のような関係が成り立つとき、「y は x の**一次関数**である」といいます。

$$y = ax + b$$

　また、一次関数の関係をグラフに表すと**下図**のような直線になります。

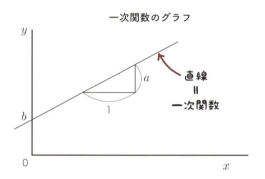

一次関数のグラフ

a、b は定数で、a は直線の傾き、b は直線が y 軸と交わる座標の値を示しています

Correlation
相関関係

【そうかんかんけい】 ▶▶▶ 2つの変量の間に連動性が見られる関係

　関数関係がある場合には、x の値が決まると必然的に y の値が決まります。ところが、x の値が決まったからといって y の値が正確には定まらず、そうかといって両者がまったく関係がないともいえないこともあります。
　このような現象の代表例としてよく取り上げられるのが「身長と体重との関係」です。

> **具体例**
>
> 次の表はある 10 人の学生について身長と体重を測定した結果です。
>
> | 学生 | A | B | C | D | E | F | G | H | I | J |
> |---|---|---|---|---|---|---|---|---|---|---|
> | 身長(cm) | 146 | 145 | 147 | 149 | 151 | 149 | 151 | 154 | 153 | 155 |
> | 体重(kg) | 45 | 46 | 47 | 49 | 48 | 51 | 52 | 53 | 54 | 55 |
>
> 身長を y 軸（縦軸）、体重を x 軸（横軸）にとり、点グラフを描くと下図になります。この図のことを「相関図」または「散布図」といいます。
>
>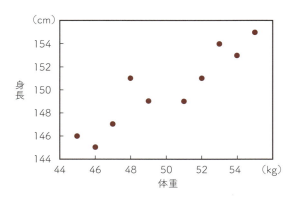

相関図で体重と身長の関係を見ると「体重が決まれば身長が決まる」という明確な関係は見られません。そのため、体重と身長との関係を関数式で表すことはできません。しかし、体重が重ければ身長が高くなる傾向はあり、体重と身長は「まったく無関係」ともいえません。

このように、2つの項目がかなりの程度の規則性をもって、同時に変化していく性質を相関といいます。

また2つの項目 x と y について、x の値が決まれば必然的に y の値が決まるわけではないにしろ、両者の間に関連性が認められるとき「**x と y との間には相関関係がある**」といいます。

相関関係の程度の強さを表す指標を相関係数といいます。

また、相関係数を用いて変数相互の因果関係を調べることを相関分析（Correlation analysis）といいます。

広告費と売上額の関係性も相関関係です

Causal relationship
因果関係

【いんがかんけい】▶▶▶ 片方が原因でもう片方が結果の関係

　因果関係は、項目間に原因と結果に関係があるといい切れる関係を意味します。

　広告費と売上の関係を見ると、「広告費を増やすと売上が多くなる」が通説です。「広告費を増やす」という行為が原因で、「売上が多くなる」という結果が導かれるので、両者の間には因果関係があります。

　原因と結果の関係は、「原因→結果」の一方通行です。「原因があって結果がある」という時間的順序が成り立っています。

　身長と体重の関係性でいえば、身長が高いと体重が重いのか、体重が重いと身長が高いのかがわからないので、両者の因果関係は定かではありません。

　因果関係があれば必ず相関関係は認められますが、相関関係があるからといって必ずしも因果関係が認められるわけではありません。

　因果関係と相関関係は、下記のように2つの事象AとBの関係性を表しています。

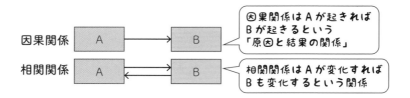

　相関関係があるからといって因果関係があるとはいい切れないため、両項目の時間的順序などを検討して、因果関係を考察します。

　両者に因果関係があるかを解明するには、統計解析を行う必要があります。

15 単相関係数

Single correlation coefficient

【たんそうかんけいすう】▶▶▶ 相関関係の程度を示す値
使える場面 ▶▶▶▶▶▶▶▶▶▶ 学習時間とテストの成績との関連性の強弱を調べたいときなど

P.54 で説明したように、2つの変数 x と y について、両者の間に直線的な関連性が認められるとき「x と y の間には相関関係がある」といいます。その相関関係の程度を示す数値を**単相関係数（ピアソンの積率相関係数）**といいます。

具体例

単相関係数は、−1から＋1までの値をとります。

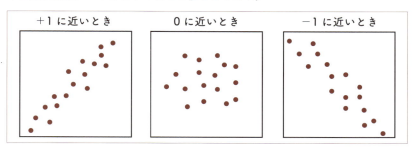

上図に示すように、単相関係数が±1に近いときは2つの変数の関係は直線的です。±1から遠ざかるに従って直線的関係は薄れていき、0に近いときは項目間に直線的な関係はまったくありません。
つまり、単相関係数の値が±1に近づくと相関関係が強くなり、反対に0に近づくと弱くなります。0の場合のみ相関関係がありません。逆にいうと、わずか0.05でも相関は弱いながらあるのです。

したがって、強弱の違いはあるものの、ほとんどのケースにおいて相関関係は見られます。大事なのは**強い相関があるかどうか**です。ところが、「いくつ以上あれば相関が強い」という統計学的基準はありません。**基準はおのおの分析者が経験的な判断から決めることになります。**

下表は一般的な基準です（統計学的な絶対基準ではありません）。単相関係数がマイナスの場合は、絶対値（マイナスの符号を取る）でこの表を適用します。たとえば、体力測定で100m走の秒速と懸垂回数の単相関係数が－0.65だったとします。絶対値0.65はこの表では「0.5〜0.8」の範囲に該当するため、両項目間には関連があるといえます。

単相関係数の判断基準

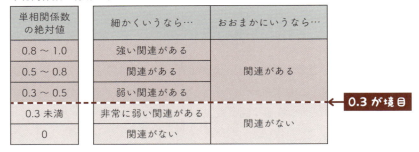

単相関係数を算出するにあたっての考え方

では、どの程度の相関があるかを数値で表す方法を考えてみましょう。

具体例

学生	A	B	C	D	E	F	G	H	I	J	平均
身長（cm）	146	145	147	149	151	149	151	154	153	155	150
体重（kg）	45	46	47	49	48	51	52	53	54	55	50

身長と体重の平均を計算すると、それぞれ150cm、50kgです。相関図を描き、この中に身長の平均を横線で、体重の平均を縦線で描き加えたものが下図です。

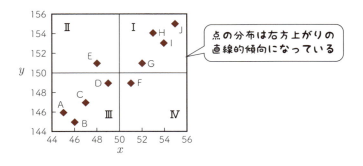

平均線で分けられた4つの領域をそれぞれ I〜IV とします。変数 x と y が無関係であるならば、点は4つの領域 I〜IV に均等にばらついて存在します。x と y の間に相関があり、x が増すと y も増加する傾向がある場合は、点は領域 I と III に多く、II と IV に少なくなります。逆に x が増すと y が減少する傾向がある場合は、II と IV に多く、I と III に少なくなります。

このケースでは、領域 I と III に点が多く、II と IV にそれぞれ1つずつしか点が存在しないので、**身長と体重の間には相関関係が強い**と推測することができます。

データが平均より上か下か、あるいは右が左かは偏差でわかります。つまり、相関係数は偏差を用いて求めることができます。

単相関係数の計算方法

では、実際に単相関係数を計算してみましょう。

具体例

下表の単相関係数を求めたい場合、以下の手順で求めます。

	①身長 (cm)	②体重 (kg)	③	④	⑤	⑥	⑦
	y_i	x_i	$y_i - \bar{y}$	$x_i - \bar{x}$	$(y_i - \bar{y})^2$	$(x_i - \bar{x})^2$	$(y_i - \bar{y}) \times (x_i - \bar{x})$
A	146	45	-4	-5	16	25	20
B	145	46	-5	-4	25	16	20
C	147	47	-3	-3	9	9	9
D	149	49	-1	-1	1	1	1
E	151	48	1	-2	1	4	-2
F	149	51	-1	1	1	1	-1
G	151	52	1	2	1	4	2
H	154	53	4	3	16	9	12
I	153	54	3	4	9	16	12
J	155	55	5	5	25	25	25
計	1500	500	0	0	104	110	98
平均	150	50					

$\bar{y} = 150$、$\bar{x} = 50$　　　　$S_{yy} = 104$, $S_{xx} = 110$, $S_{xy} = 98$

① 身長と体重のデータについて偏差（測定値から平均値を引いた値）を求めて、表の③、④列に記入する
② まず、③列の数値を平方し⑤列に記入する
③ 同様に、④列の数値を平方し⑥列に記入する
④ ⑤列の数値の合計を求める（これを身長 y の**偏差平方和**といい「S_{yy}」で表す）
⑤ 同様に、⑥列の数値の合計を求める（体重 x の偏差平方和といい「S_{xx}」で表す）
⑥ ③列と④列の数値を掛け算し、⑦列に記入する（⑦列の数値の合計を**積和**といい「S_{xy}」で表す）
⑦ 下記の式から単相関係数を求める（単相関係数は、「積和」を「x の偏差平方和と y の偏差平方和の積の平方根」で割ることで求めることができる）

計算式

$$単相関係数\ r = \frac{S_{xy}}{\sqrt{S_{xx} \times S_{yy}}}$$

では、身長と体重のデータについて、単相関係数を求めてみましょう。

$$r = \frac{S_{xy}}{\sqrt{S_{xx} \times S_{yy}}} = \frac{98}{\sqrt{110 \times 104}} = \frac{98}{\sqrt{11,440}} = \frac{98}{107} = 0.916$$

このようにして、単相関係数は 0.916 であることがわかります。

単相関係数の留意点

P.58 の相関図でⅡとⅣに位置するのはＥとＦの２人、ⅠとⅢに位置するのは８人です。表を見ると、ＥとＦの２人の積和はマイナス、他の８人の積和はプラスです。積和の合計は、マイナスとプラスが混在し０に近いほど相関係数は低くなります。

単相関係数が求められないデータ

学生	A	B	C	D	E	F	G	H	I	J
身長(cm)	146	145	147	149	151	149	151	154	153	155
体重(kg)	50	50	50	50	50	50	50	50	50	50

この表の「体重」のようにデータの値がすべて同じ場合、単相関係数は求めることができません

16 単回帰式
Single regression equation

【たんかいきしき】▶▶▶ 単回帰分析によって求められる関数の式
使える場面 ▶▶▶▶▶▶▶ 投資額とリターンの関係性をざっくり見たいときなど

相関図における散布点に直線的な傾向が見られるとき、直線を当てはめれば（直線を引けば）、y 軸の項目と x 軸の項目の関係が明確になります。直線を当てはめることを「**関係式の当てはめ**」といいます。そして関係式を求める統計的手法を**単回帰分析**、あるいは**直線回帰分析**といいます。

単回帰分析によって求められる直線の関数式（$y = ax + b$）を**単回帰式**といいます。
単回帰式 $y = ax + b$ は次の公式で求められることがわかっています。

計算式

$y = ax + b$ の傾き a と y 軸切片 b

$$a = \frac{S_{xy}}{S_{xx}}、\quad b = \bar{y} - a\bar{x}$$

※ S_{xy}、S_{xx} は P.60 で示した積和と偏差平方和

問題

売上と広告費の相関図に単回帰分析によって求めた直線を描いた。この直線単回帰式を求めよ。

営業所	広告費	売上額
A	500	8
B	500	9
C	700	13
D	400	11
E	800	14
F	1,200	17

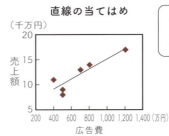

直線の当てはめ

y 軸と切片 b は Excel で簡単に求められます

解答

P.60 の手順を用いると**下表**のように数値が求められる。

営業所	① 売上額 y_i	② 広告費 x_i	③ $y_i - \bar{y}$	④ $x_i - \bar{x}$	⑤ $(y_i - \bar{y})^2$	⑥ $(x_i - \bar{x})^2$	⑦ $(y_i - \bar{y}) \times (x_i - \bar{x})$
A	8	500	−4	−183	16	33,611	733
B	9	500	−3	−183	9	33,611	550
C	13	700	1	17	1	278	17
D	11	400	−1	−283	1	80,278	283
E	14	800	2	117	4	13,611	233
F	17	1,200	5	517	25	266,944	2,583
計	72	4,100	0	0	56 S_{yy}	428,333 S_{xx}	4,400 S_{xy}
平均	12 $\bar{y}$	683 $\bar{x}$				⑧	

これより $y = ax + b$ の a と b は下記のように求められる。

$$a = \frac{S_{xy}}{S_{xx}} = \frac{4,400}{428,333} = 0.0103$$

$b = 12 - 0.0103 \times 683 = 4.98$

よって、$y = 0.0103x + 4.98$

A. $y = 0.0103x + 4.98$

相関関係における「強さ」と「大きさ」とは

単相関係数を r、単回帰式を $y = ax + b$ とします。r は「強さ」、a は「大きさ」を把握する指標です。では、売上と広告費の関係における「強さ」と「大きさ」とは何でしょうか。

単相関係数 r は、「広告費を投入すれば売上は増加する傾向があるか」、すなわち「広告費は売上に影響を及ぼしているか」を把握するツールです。**r は傾向（影響）の程度を数値にしたもので、売上に対する広告費の「強さ」を示します。**

単回帰式の係数 a は、「広告費を△万円投入すれば売上は□万円見込めるか」、すなわち「売上に対する広告費の貢献金額はどの程度であるか」を把握するツールです。a は貢献金額を数値にしたもので、売上に対する広告費の「大きさ」を示すものです。

問題

前年度と本年度の2年間について、売上と広告費を調べたところ下表の結果だった。広告費の売上に対する「強さ」と「大きさ」を求めよ。

前年度

営業所	売上 （千万円）	広告費 （百万円）
A	7	1
B	8	2
C	10	3
D	9	4
E	11	5

本年度

営業所	売上 （千万円）	広告費 （百万円）
A	9	1
B	5	2
C	9	3
D	8	4
E	14	5

解答

下表および下図の通り、広告費の売上に対する「強さ」は、本年度は 0.63、前年度は 0.90 で、強さの度合は減少しています。

また、広告費の売上に対する「大きさ」は、本年度 1,300 万円、前年度 900 万円で、大きさの度合は増加しています。

つまり、単相関係数 r の数値が大きい（強い）からといって、広告費に対する売上も大きくなるということではないのです。

	前年度	本年度
単相関係数	0.90	0.63
単回帰式	$y = 0.9x + 6.3$	$y = 1.3x + 5.1$
強さ	**0.90**	**0.63**
大きさ	**0.9（千万円） → 900 万円**	**1.3（千万円） → 1,300 万円**

※大きさのデータ単位は売上の千万円

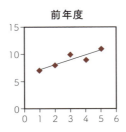

前年度

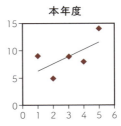

本年度

17 Crosstabs クロス集計

【くろすしゅうけい】 ▶▶▶ 2つの変数について該当数を表にまとめることで因果関係を明らかにする方法

使える場面 ▶▶▶▶▶▶▶▶ どの属性の人に商品の満足度が高いかを見たいとき
商品に満足した理由を知りたいときなど

クロス集計は、カテゴリーデータである2つの項目（変数）をクロスして集計表を作成することにより、項目相互の関係を明らかにする解析手法です。たとえば、「パソコン保有者の割合」、「商品満足率」など明らかにしたい事柄を**目的変数**（または**結果変数**）といいます。これに対し、どのような属性（性別、年代、地域など）の人で満足率が高いか、どのような理由（商品の機能、アフターケアなど）で満足率が高いかを明らかにしたいときの「人々の属性」や「理由」を**説明変数**（または**原因変数**）といいます。

クロス集計は説明変数と目的変数との関係を明らかにする手法です。原因と結果の関係、すなわち因果関係を解明する手法ともいえます。

具体例

2つの質問項目のそれぞれのカテゴリーデータで同時に分類し、表の該当するセル（マス目）に回答人数および回答割合を記入した表のことを、**クロス集計表**といいます。

下記のクロス集計表の＊印がついたセルを見てください。

クロス集計表

分類項目	集計項目	全体	商品購入意向有無	
			ある	ない
全体		300 100%	135 45%	165 55%
地域	東京	200 100%	＊ 102 51%	98 49%
	大阪	100 100%	33 33%	67 67%

表頭項目 or 集計項目

表側項目 or 分類項目

上段：回答人数　下段：回答割合

上段は東京に居住する人で商品購入意向が「ある」と回答した人が102名いることを示し、下段は東京居住者200名のうち「ある」と回答した102名の割合（回答割合）である51％を示しています。

クロス集計表において、表の上側に位置する項目のことを**表頭項目**（あるいは集計項目）、表の左側に位置する項目を**表側項目**（あるいは分類項目）といいます。

またこのようなクロス集計表を作成するとき、「表側項目と表頭項目をクロス集計する」あるいは「表頭項目を表側項目で**ブレークダウン**する」といいます。

クロス集計表で因果関係が丸裸になります

クロス集計の種類と見方

クロス集計表の種類

前ページのクロス集計表は一番左側の列の回答人数に対する割合を計算しているので、横の割合の合計が100％になります。この表のことを**横％表**といいます。一番上側の行の回答人数に対する割合を計算した表は**縦％表**といいます。

通常、クロス集計表は横％表を適用します。縦％を求めたい場合、表側を商品購入意向有無、表頭を地域と逆転させて横％を算出します。

目的によっては割合のみの表を作成することがあり、その場合、％ベースの回答人数を欄外に表記します（**表記例：下表欄外**）。

P.64の表のように回答人数と割合を併記した表を**併記表**、下表のように割合のみを表記する表を**分離表**といいます。

クロス集計表：分離表

		全体	商品購入意向有無		n
			ある	ない	
		100%	45%	55%	300
地域	東京	100%	51%	49%	200
	大阪	100%	33%	67%	100

商品購入意向有無 n は％ベースの回答人数。通常は n と表記する

表頭項目、表側項目の決め方

クロス集計表を横%表で作成する場合、クロス集計表の表頭は「目的変数（結果変数）」の項目、表側は「説明変数（原因変数）」の項目とします。

クロス集計表の見方

横%表は、表頭項目の任意のカテゴリーに着目し、そのカテゴリーの割合を縦に比較します。

P.65 のクロス集計表は、商品購入意向有無の「ある」に着目すると、購入意向が「ある」の割合は、東京 51%、大阪 33%で、東京は大阪を上回っていると解釈します。

%ベースの n 数

%ベースの回答数を n 数あるいは n といいます。n 数が 30 未満の場合、回答割合のブレが大きくなるので、回答割合は参考値とします。

たとえば n が 10 で、回答数が 1 変化すると、%が 10%も変化しますが、n が 30 の場合は 3.3%の変化だからです（下表）。

n	ある	ない
10 100%	5 50%	5 50%
10 100%	6 60%	4 40%
変化	10%	

n	ある	ない
30 100%	15 50%	15 50%
30 100%	16 53.3%	14 46.7%
変化	3.3%	

クロス集計表の見方のポイント
集計は横に！ 解釈は縦に！

18 Risk ratio リスク比

【りすくひ】 ▶▶▶ ある要因がどの程度、集団に影響を及ぼすかを示す数値で対比したもの
使える場面 ▶▶▶ 喫煙する人としない人で病気にかかるリスクの比を見たいときなど
別称 ▶▶▶▶▶▶▶ 相対危険度

　リスク比とは臨床統計でよく使用される指標で、曝露群と非暴露群の罹患率の比を指します。

　簡単にいうと、「**ある状況下に置かれた人が疾患にかかる危険度（リスク）と、置かれなかった人の危険度の比率**」です。リスクとは、「危険」や「恐れ」という意味です。この場合のリスクとは、ある疾患にかかる割合（確率）を指します。

大切なのはリスク比の求め方ではなく、解釈の仕方です

問題

下表から、心血管疾患を原因とする死亡において、喫煙者と非喫煙者の間に差があるかどうかを求めよ。

調査開始後10年間で心血管疾患が原因で死亡した者の割合（喫煙 vs. 非喫煙）

	心血管疾患による死亡あり
喫　煙（1万人）	700人
非喫煙（1万人）	300人

解 答

「喫煙の有無」と「心血管疾患による死亡か否か」でクロス集計表をつくります。

調査結果の分割表

	心血管疾患による死亡		横計	割合
	あり	なし		
喫　煙	700	9,300	10,000	7％
非喫煙	300	9,700	10,000	3％

分割表の「あり」を横計で割って得られた「割合」をリスクといいます。リスクとは、そのままの意味で「危険」や「恐れ」ということです。
心血管疾患が原因で死亡した人の割合は、喫煙者7％、非喫煙者3％です。喫煙者が非喫煙者に比べてどれくらい高い割合で、心血管疾患が原因で死亡するのかを知るには、喫煙者の割合（7％）を、非喫煙者の割合（3％）で割ればよいのです。

$7 \div 3 = 2.3$

この値がリスク比です。
この事例では、「心血管疾患が原因で死亡する喫煙者のリスク（割合）は非喫煙者に比べ2.3倍である」と解釈できます。
このようにリスク比の解釈は簡単です。値が高いほど、ある状況下にいる人は、その状況下にない人に比べて、ある疾患に罹患するあるいはある疾患で死亡する危険度がより高くなると解釈できるのです。

A. 喫煙者の死亡リスクは非喫煙者の2.3倍

19 オッズ比
Odds ratio

【おっずひ】▶▶▶ ある事象の起こりやすさを2群で比較して示すための尺度
使える場面 ▶▶▶ 異なる2つの広告の宣伝効果の結果を比較したいときなど

　オッズ（**Odds**）は、競馬など賭け事でよく使われ、なじみのある言葉かと思います。「ある状況が他の状況に比べて起こりやすい割合（確率）」のことです。
　では、具体例とともにオッズ比とは何かを見ていきましょう。

具体例

P.68の事例を用いてオッズ比について解説します。
喫煙者の心血管疾患での死亡者数を非喫煙者の死亡者数で割った値がオッズにあたります。同様に、喫煙者で死亡しなかった人数を非喫煙者の死亡しなかった人数で割った値もオッズといいます。

	心血管疾患による死亡 あり	心血管疾患による死亡 なし	横計	割合
喫　煙	700	9,300	10,000	7%
非喫煙	300	9,700	10,000	3%
オッズ（割合）	2.3	0.96		

リスク比	2.3
オッズ比	2.4

　上表にあるように心血管疾患が原因での死亡者数（死亡あり）に着目すると、喫煙者の死亡者数（700人）は非喫煙者の死亡者数（300人）に比べ2.3倍です。すなわち、死亡者数オッズは2.3です。
　死亡しなかった人数（死亡なし）に着目すると、喫煙者は9,300人で、非喫煙者の9,700人に比べると0.96倍です。すなわち、非死亡者数オッズは0.96です。このときの死亡者数オッズと非死亡者数オッズの比を**オッズ比**といいます。この場合のオッズ比は次の計算式で算出できます。

2.3 ÷ 0.96 ≒ 2.4

オッズ比の値は 2.4 ですので、喫煙の有無は心血管疾患による死亡に影響を及ぼす要因といえるということです。

ここで気をつけていただきたいのは、「**喫煙者が心血管疾患で死亡するリスクは、非喫煙者に比べ 2.4 倍だといってはいけない！**」ということです。

喫煙は健康に良くないことはわかりますが「喫煙者は非喫煙者と比べて何倍くらい心血管疾患で死亡する可能性が高いのか」まではわかりません。なぜならば、「心血管疾患で死亡した人での喫煙に関するオッズ」と「死亡しなかった人での喫煙に関するオッズ」から、「喫煙するとどのくらい心血管疾患で死亡する危険性が高まるのか」を導き出すことはできないからです。

それはリスク比（相対危険度）でしか解釈できません。

> リスク比とオッズ比の違い
>
> ・リスク比は、"○倍"と言ってもそのまま意味が通りますが、オッズ比は〈比の比〉であり、"○倍"と言っても直感的に解釈できません。

混同しやすいですが両者の違いは明らかです

20 クラメール連関係数
Cramer's coefficient of association

【くらめーるれんかんけいすう】▶▶▶ 2つのカテゴリーデータの相関関係を示す指標
使える場面 ▶▶▶▶▶▶▶▶▶▶▶▶▶▶▶ 性格と趣味の間に関連性があるか見たいとき
など

クラメール連関係数は2つのカテゴリーデータの相関関係を把握する解析手法です。

具体例

下記のクロス集計表は有権者の所得階層と支持政党との関係を見たものです。

回答人数

	A政党	B政党	C政党	横計
全体	150	170	180	500
低所得層	30	45	75	150
中所得層	60	45	45	150
高所得層	60	80	60	200

回答割合

	A政党	B政党	C政党	横計
全体	30%	34%	36%	100%
低所得層	20%	30%	50%	100%
中所得層	40%	30%	30%	100%
高所得層	30%	40%	30%	100%

回答割合を見ると、A政党は中所得層、B政党は高所得層、C政党は低所得層が他所得層を上回り、所得の違いで支持する政党が異なることがわかります。これより所得階層と支持政党とは関連性があるといえます。ただし、関連性はわかったものの、クロス集計表からは関連性の強さまではわかりません。

このようなとき、クロス集計表の関連性、すなわちカテゴリーデータである2項目間の関連性の強さを明らかにする解析手法が、クラメール連関係数です。

> **クラメール連関係数は0〜1の間の値で、値が大きいほど関連性は強くなる**

クラメール連関係数はいくつ以上あれば関連性があるという統計学的基準はありません。クロス集計表を見る限り関連性があるように思えてもクラメール連関係数の値は大きい値を示さないことを考慮して、一般的に基準は**下表**のように設定されています。

クラメール連関係数の判断基準

クラメール連関係数	細かくいうなら…	おおまかにいうなら…
0.5 〜 1.0	強い関連がある	関連がある
0.25 〜 0.5	関連がある	関連がある
0.1 〜 0.25	弱い関連がある	関連がある
0.1 未満	非常に弱い関連がある	関連がない
0	関連がない	関連がない

← 0.1 が境目

クラメール連関係数の計算方法

期待度数

所得階層と支持政党のクロス集計表（**下表**）において、回答人数の横計と縦計を掛け、全回答人数で割った値を**期待度数**といいます。

回答人数

	A政党	B政党	C政党	横計
全体	150	170	180	500
低所得層	30	45	75	150
中所得層	60	45	45	150
高所得層	60	80	60	200

	A政党	B政党	C政党
低所得層	150 × 150 ÷ 500 = 45	170 × 150 ÷ 500 = 51	180 × 150 ÷ 500 = 54
中所得層	150 × 150 ÷ 500 = 45	170 × 150 ÷ 500 = 51	180 × 150 ÷ 500 = 54
高所得層	150 × 200 ÷ 500 = 60	170 × 200 ÷ 500 = 68	180 × 200 ÷ 500 = 72

クラメール連関係数

まず、期待度数の横％を算出します。

期待度数

	A政党	B政党	C政党	横計
全体	150	170	180	500
低所得層	45	51	54	150
中所得層	45	51	54	150
高所得層	60	68	72	200

横％表

	A政党	B政党	C政党	横計
全体	30％	34％	36％	100％
低所得層	30％	34％	36％	100％
中所得層	30％	34％	36％	100％
高所得層	30％	34％	36％	100％

期待度数の横％はどの所得階層も全体と一致します。このような集計結果が得られた場合、所得階層と政党支持率は「関連性がまったくない」といえ、クラメール連関係数は 0 となります。

調査より得られたクロス集計表の回答人数を**実測度数**といいます。

実測度数と期待度数の値を比べ、値が一致すればクラメール連関係数は 0、値の差が大きくなるほどクラメール連関係数は大きくなると考えます。

この考えに基づき、次に示す式で各セルの値を計算します。

（実測度数－期待度数）^{2}／期待度数

	A 政党	B 政党	C 政党
低所得層	$(30-45)^2/45$	$(45-51)^2/51$	$(75-54)^2/54$
中所得層	$(60-45)^2/45$	$(45-51)^2/51$	$(45-54)^2/54$
高所得層	$(60-60)^2/60$	$(80-68)^2/68$	$(60-72)^2/72$

A 政党	B 政党	C 政党
5.0000	0.7059	8.1667
5.0000	0.7059	1.5000
0.0000	2.1176	2.0000

➡ 合計　25.1961

セルの値を合計して得られた値を**カイ 2 乗値**といいます。

クラメール連関係数 r は、カイ 2 乗値を用いた次の計算式で求められます。

> **計算式**
>
> $$クラメール連関係数\ r = \sqrt{\frac{カイ2乗値}{n(k-1)}}$$
>
> ※ k はクロス集計表 2 項目のカテゴリー数で小さいほうの値
> （この事例の場合はどちらもカテゴリー数は 3 つなので 3 となります）

上記の計算式に数値を代入することで、この場合のクラメール連関係数は、下記の通り求められます。

$$r = \sqrt{\frac{25.1961}{500(3-1)}}$$

$$= 0.1587$$

21 相関比
Correlation ratio

【そうかんひ】 ▶▶▶ カテゴリーデータと数量データの相関関係を示す指標
使える場面 ▶▶▶ 社員旅行の行き先のアンケートで行きたい場所と年齢の間に関連性があるか調べたいときなど

相関比はカテゴリーデータと数量データの相関関係を把握する解析手法です。

- 具体例 -

15人の消費者からアンケートを取って、好きな商品と年齢の関係を調べることにします。好きな商品はカテゴリーデータ、年齢は数量データです。カテゴリーデータと数量データの基本的な解析方法は、カテゴリー別平均を算出することです。そこでカテゴリー別平均として、商品別の平均年齢を求めます。
15人の回答データを商品別に分類し、商品別の平均年齢を計算すると下表のようになりました。

回答データ

	年齢（歳）	好きな商品
1	24	C
2	43	B
3	35	A
4	48	B
5	35	C
6	38	B
7	20	C
8	38	C
9	40	B
10	36	A
11	29	A
12	41	B
13	29	C
14	32	A
15	22	C

商品別年齢データ

A	B	C
29	38	20
32	40	22
35	41	24
36	43	29
	48	35
		38

商品別年齢平均値

	A	B	C	全体
合計	132	210	168	510
回答人数	4	5	6	15
平均値	33	42	28	34

03 相関分析 ―― 2つの事柄の関連性を調べる

商品別の平均年齢に違いが見られることがわかります。「違いがある」ということは、「ある特定の年齢層で特定の商品への志向性が高まっている」ということで、「年齢と商品には関連性がある」と判断できます。

しかし、カテゴリー別平均からは関連性の強弱まではわかりません。

そこで、カテゴリーデータと数量データの関連性の強さを明らかにする解析手法が相関比です。**相関比は 0 ～ 1 の間の値で、値が大きいほど関連性は強くなります。**

相関比の数値はいくつ以上あれば関連性があるという統計学的基準はありません。平均を見る限りでは関連性があると思えても相関の値は大きい値を示さないことを考慮して、一般的には**下表**のような基準が設けられています。

相関比の判断基準

相関比	細かくいうなら…	おおまかにいうなら…
0.5 ～ 1.0	強い関連がある	関連がある
0.25 ～ 0.5	関連がある	
0.1 ～ 0.25	弱い関連がある	
0.1 未満	非常に弱い関連がある	関連がない
0	関連がない	

← 0.1 が境目

相関比を算出するにあたっての考え方

具体例の商品ごとの年齢幅を見ると、商品 A を志向するグループは 29 〜 36 歳、商品 B を志向するグループは 38 〜 48 歳、商品 C を志向するグループは 20 〜 38 歳と年齢幅に違いが見られます。

前述の具体例のデータをグラフ（下図）にすると、年齢幅の違いがより明確になります。

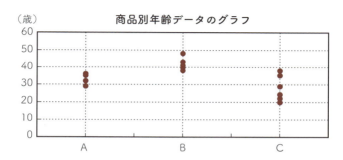

上図のように年齢幅に違いがあるとき、商品と年齢は関連があると考えます。

年齢幅がどのようなときに最も関連が「ある」か「ない」かの見分け方は下図の通りです。

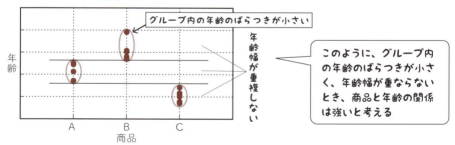

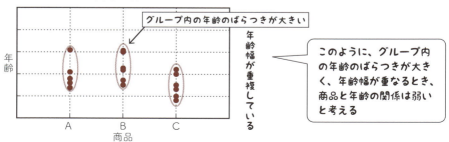

群内変動、群間変動とは

グループ内の変動を**群内変動**（Within-group variation）といいます。

では、下表の商品年齢別データについて、グループ内の変動を計算してみましょう。変動は偏差平方和で計算します。

商品別年齢データ

	A	B	C
	29	38	20
	32	40	22
	35	41	24
	36	43	29
		48	35
			38
平均	33	42	28

偏差平方和

	A		B		C	
	$(29-33)^2$	16	$(38-42)^2$	16	$(20-28)^2$	64
	$(32-33)^2$	1	$(40-42)^2$	4	$(22-28)^2$	36
	$(35-33)^2$	4	$(41-42)^2$	1	$(24-28)^2$	16
	$(36-33)^2$	9	$(43-42)^2$	1	$(29-28)^2$	1
			$(48-42)^2$	36	$(35-28)^2$	49
					$(38-28)^2$	100
合計		30		58		266
		S_1		S_2		S_3

3つの偏差平方和を合計した値のことを群内変動といい、S_w で表します。

$S_w = S_1 + S_2 + S_3 = 30 + 58 + 266 = 354$

年齢幅が重複しないということは、年齢幅という3個のグループの変動が大きいことを意味します。逆に、年齢幅が重複するということは、3個のグループの変動が小さいことを意味します。

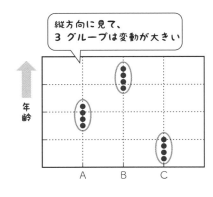
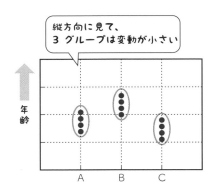

年齢幅の変動、すなわちグループ間の変動は、各グループの平均と全体平均との差から求められ、これを**群間変動**（Between the groups change）といい、S_b で表します。

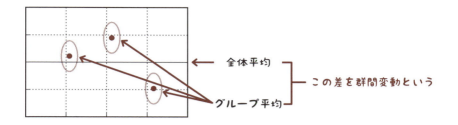

3個のグループの平均を、$\bar{U}_1$、$\bar{U}_2$、$\bar{U}_3$、全体平均を $\bar{U}$ とします。また、3個のグループの回答人数を n_1、n_2、n_3 とします。このとき群間変動は、次に示すように個々の平均と全体平均の差の平方に各グループの人数を乗じて求められます。

$$S_b = n_1(\bar{U}_1 - \bar{U})^2 + n_2(\bar{U}_2 - \bar{U})^2 + n_3(\bar{U}_3 - \bar{U})^2$$
$$= 4 \times (33-34)^2 + 5 \times (42-34)^2 + 6 \times (28-34)^2 = 540$$

相関比の計算方法

グループ内の年齢のばらつきが小さく年齢幅が重ならない、すなわち群内変動が小さく群間変動が大きいとき、関連があるといえます。そこで、2つの変動合計に対する群間変動の割合を求めます。これを**相関比**（Correlation ratio）といい、η^2（イータ2乗と読む）で表します。

計算式

$$\eta^2 = \frac{S_b}{S_w + S_b}$$

※ S_b：群間変動、S_w：群内変動

商品年齢別データ数値を前述の計算式に代入すると、相関比は下記の通り求められます。

$$S_w + S_b = 354 + 540 = 894$$

よって、$\eta^2 = \dfrac{540}{894} = 0.604$

相関比の式を見ると、最も関連が強いとき、群内変動 S_w は 0、すなわちグループ内に属するデータがすべて同じになり、η^2 は 1 になります。逆に、最も関連が弱いとき、群間変動 S_b は 0、すなわちグループ平均がすべて同じになり、η^2 は 0 になります。

具体例

下記は 6 ケースの商品別年齢データについて商品別年齢平均を求めたものです。

	平均値 A	平均値 B	平均値 C	平均値 全体	相関比
ケース 1	34	39	29	34	0.5040
ケース 2	34	38	30	34	0.3941
ケース 3	34	37	31	34	0.2679
ケース 4	34	36	32	34	0.1399
ケース 5	34	35	33	34	0.0410
ケース 6	34	34	34	34	0.0000

ケース 1 ～ 6 のいずれも全体平均は同じですが商品別平均年齢は異なります。各ケースにおける商品別平均年齢の差が小さくなるに従って相関比は小さくなります。ケース 1 ～ 4 では商品間の平均値に差が見られますが、ケース 5 は差があるかないかはっきりわからず、ケース 6 は差がないといえます。このことからも、相関比は約 0.1 より大きいと平均値に差があり、2 項目間に関連があるといってよいという判断ができます。

相関比の目安

0.1より大きい場合、関連性がある

22 スピアマン順位相関係数
Spearman's rank correlation coefficient

【すぴあまんじゅんいそうかんけいすう】
▶▶▶ 順序尺度の相関関係を示す指標
使える場面 ▶▶▶ 職場環境の満足度（5段階評価）と従業員の総合企業満足度の相関の強弱を知りたいときなど

　スピアマン順位相関係数は、順位データや5段階評価データなどの順序尺度の相関関係を把握する解析手法です。

　スピアマンの順位相関係数は−1から1の値をとります。**スピアマンの順位相関係数の値が±1に近づくと相関関係が強くなり、反対に0に近づくと弱くなります。** 0の場合のみ相関関係がありません。少し信じられないかもしれませんが、わずか0.05でも相関は弱いながらあるということになります。

　したがって、強弱の違いはあるものの、ほとんどのケースにおいて相関関係は見られます。大事なのは「強い相関があるかどうか」になります。

　ところが、いくつ以上あれば相関が強い、という統計学的基準はありません。**基準は、分析者がおのおの経験的な判断から決めることになります。下表**は一般的な判断基準です。値がマイナスの場合は、絶対値（マイナスの符号を取る）でこの表を適用します。

スピアマン順位相関係数の判断基準

スピアマン順位相関係数の絶対値	細かくいうなら…	おおまかにいうなら…
0.8〜1.0	強い関連がある	関連がある
0.5〜0.8	関連がある	関連がある
0.3〜0.5	弱い関連がある	関連がある
0.3未満	非常に弱い関連がある	関連がない
0	関連がない	関連がない

← 0.3が境目

> 各種境目
- クラメール連関係数の境目：0.1
- 相関比の境目：0.1
- 単相関係数の境目：0.3
- スピアマン順位相関係数の境目：0.3

ここまでに登場した一般的な境目をまとめました

順序尺度データのタイの長さと順位

タイ（tie）とは同じ順位ということです。「トップタイ」なら1位が2人いて、その次の人が3位になるのは特に説明がなくてもわかると思います。

> 問題
>
> 旅館の顧客満足度調査（5段階評価）を行ったところ下表の結果が得られた。大浴場の満足度について、「やや満足」の「タイの長さ」を求めよ。

No	大浴場の満足度	旅館総合満足度
1	3	4
2	3	3
3	3	2
4	3	2
5	4	2
6	2	3
7	4	4
8	4	4
9	2	4
10	5	5

1：不満、2：やや不満、3：どちらともいえない、4：やや満足、5：満足

> 解 答

下記①、②の手順で求められます。
① まず、大浴場の満足度のデータを降順あるいは昇順で並べ替える
② 同順位の個数を数える

同じ順位の個数を「**タイの長さ**」といい、t で表します。
大浴場の満足度「やや満足」にあたる「4」は3個あるので、t は3。

No	大浴場の満足度
6	2
9	2
1	3
2	3
3	3
4	3
5	4
7	4
8	4
10	5

A. 3

スピアマン順位相関係数の計算方法

> 計算式

スピアマン順位相関係数を r とすると

- 同順位がない場合：$r = 1 - \dfrac{6\Sigma d^2}{n^3 - n}$

- 同順位がある場合：$r = \dfrac{T_x + T_y - \Sigma d^2}{2\sqrt{T_x T_y}}$

※ x、y は2項目それぞれのタイの合計
$T_x = (n^3 - n - x) \div 12$, $T_y = (n^3 - n - y) \div 12$

前述の計算式を活用し、スピアマン順位相関係数を求めるため、前述の解答で示した①、②に続いて以下の手順で計算を進めます。

　③ $t^3 - t$ を求め、合計 $\Sigma\,(t^3 - t)$（タイ合計と呼ぶ）を求める。その結果、大浴場の満足度の合計は 90 であることがわかる

　④順位を求める。同順位がある場合は、その平均を順位とする。たとえば、やや満足の「4」は 7 ～ 9 位に位置するので、「7、8、9」の平均である 8 を順位とする

　⑤右端の順位 1 は、No1 ～ 10 の大浴場の満足度の順位である。

No	大浴場の満足度	タイの長さ t	$t^3 - t$		順位
6	2	2	6	1	1.5
9	2			2	1.5
1	3	4	60	3	4.5
2	3			4	4.5
3	3			5	4.5
4	3			6	4.5
5	4	3	24	7	8
7	4			8	8
8	4			9	8
10	5	1	0	10	10

No	順位 1
1	4.5
2	4.5
3	4.5
4	4.5
5	8
6	1.5
7	8
8	8
9	1.5
10	10

$\Sigma\,(t^3 - t)$ 　90

⑥大浴場の満足度の順位を「順位1」、旅館総合満足度の順位を「順位2」とする。また、順位1と順位2の差分を「d」とする

⑦dの2乗を求め、$\sum d^2$を求める（**下表**の通り103）

No	大浴場の満足度	旅館総合満足度	差分 d	d^2
	順位1	順位2		
1	4.5	7.5	− 3	9
2	4.5	4.5	0	0
3	4.5	2	2.5	6.25
4	4.5	2	2.5	6.25
5	8	2	6	36
6	1.5	4.5	− 3	9
7	8	7.5	0.5	0.25
8	8	7.5	0.5	0.25
9	1.5	7.5	− 6	36
10	10	10	0	0
			$\sum d^2 = 103$	

⑧ここで、大浴場のタイ合計 x、旅館総合満足度のタイ合計を y とすると、

$x = 90$、$y = 90$

⑨計算式に数値を代入し、T_x と T_y を求めると

$T_x = (n^3 − n − x) \div 12 = (1000 − 10 − 90) \div 12 = 75$

$T_y = (n^3 − n − y) \div 12 = (1000 − 10 − 90) \div 12 = 75$

　※ n はサンプルサイズ

この問題は同順位があるため

$$r = \frac{T_x + T_y - \Sigma d^2}{2\sqrt{T_x T_y}}$$

$$r = \frac{75 + 75 - 103}{2 \times \sqrt{75 \times 75}} = \frac{47}{150} = 0.3133$$

よって、大浴場の満足度と旅館総合満足度のスピアマン順位相関係数は 0.3133 であることがわかります。

単相関係数は2変量に直線的な相関関係があれば適用されますが、そうでない場合やデータの順位しかわかっていない場合もありますよね。そんなときに有効なのがスピアマン順位相関係数なのです

長い章だったニャ〜

Chapter 04

CS分析

改善すべき要素を探る

悪評に理由あり

23 CSグラフ（顧客満足度グラフ）

Customer Satisfaction

【しーえすぐらふ】 ▶▶▶ 顧客満足度の度合いをアンケート調査などによって可視化したもの

使える場面 ▶▶▶▶▶▶ 顧客をより満足してもらうために、どの要素の改善に力を入れるべきかを知りたいときなど

CS（Customer Satisfaction）とは顧客満足度のことで、顧客が商品やサービスを受けたときにその商品やサービスに感じる満足感を指します。

CSグラフとは、顧客満足度の度合いをアンケート調査などによって可視化したもので、各要素の満足度を縦軸、重要度を横軸として作成した相関図です（下図）。

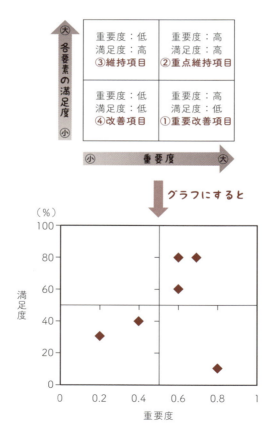

満足度の平均値を横線、重要度の平均値を縦線で引き、CS グラフを 4 つの領域に分けます。右下の領域に位置する要素は、重要度は高いのに満足度が低いので優先的に改善すべき要素となります。

なお、一般には、重要度には**相関係数**を用います。相関係数とは、総合満足度という評価項目を 1 問設け、その総合満足度と、それ以外のさまざまな満足度評価項目との相関性を算出したものです。

相関係数が大きいほど総合満足度との相関が大きいため、重要度は高いといえます

問題

下記の旅館満足度調査結果のデータから CS グラフ作成し、改善すべき要素を求めよ。

	満足度	重要度
部屋の印象	69.4	0.8670
部屋の清潔さ	78.0	0.6393
部屋のにおい	67.1	0.7547
部屋の温度	52.3	0.3535
照明の明るさ	61.4	0.4371
備品の装備	80.9	0.5630
バス・トイレ・洗面台	78.9	0.6094
寝具の清潔さ・寝心地	85.4	0.6113
部屋での物音や声	77.4	0.4724
係員の部屋への出入り	77.7	0.5265
平均値	72.9	0.5834

> **解答**

各要素の満足度を縦軸、重要度を横軸として相関図を作成したのが下図です。右下の領域に属する「部屋の印象」と「部屋のにおい」が優先的に改善すべき要素ということになります。

A. 部屋の印象と部屋のにおい

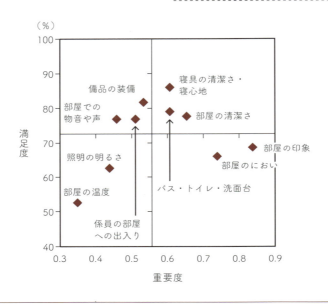

CSグラフに関する留意点

満足度は割合（%）、重要度は相関係数なので、数値の単位が異なります。数値の単位が異なるデータを取り扱う場合は、偏差値を用います。そこで、偏差値を用いて**偏差値CSグラフ**を作成します。**下表**は、旅館満足度調査における各要素の満足度と重要度を偏差値の表にまとめたものです。

旅館満足度調査の満足度と重要度の偏差値

	満足度	重要度	満足度偏差値	重要度偏差値
部屋の印象	69.4	0.8670	46.4	69.8
部屋の清潔さ	78.0	0.6393	55.3	53.9
部屋のにおい	67.1	0.7547	44.1	62.0
部屋の温度	52.3	0.3535	28.6	33.9
照明の明るさ	61.4	0.4371	38.1	39.8
備品の装備	80.9	0.5630	58.3	48.6
バス・トイレ・洗面台	78.9	0.6094	56.2	51.8
寝具の清潔さ・寝心地	85.4	0.6113	63.1	51.9
部屋での物音や声	77.4	0.4724	54.7	42.2
係員の部屋への出入り	77.7	0.5265	55.0	46.0
平均値	72.9	0.5834	50.0	50.0
標準偏差	9.6	0.1430	10.0	10.0

← 偏差値の平均は50、標準偏差は10になる

※標準偏差は10個の要素をデータとして計算。標準偏差の分母は $n = 10$ の公式を適用

偏差値 CS グラフは、各要素の満足度偏差値を縦軸、重要度偏差値を横軸として作成します。下図のように、偏差値 50 のところで縦線、横線を引き、偏差値 CS グラフを 4 つの領域に分けます。

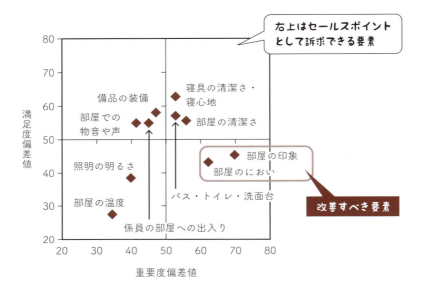

　右下の領域に位置するものが、優先的に改善すべき要素です。上記の偏差値表に基づいて、旅館満足度に関する評価を偏差値 CS グラフで示した場合、右下の領域に属する「部屋の印象」と「部屋のにおい」が優先的に改善すべき要素となります。この結果は、偏差値を用いない CS グラフから導かれた結果と同じです。改善度領域だけの把握だけなら、CS グラフだけの作成でよいのですが、改善度指数を求めるためには偏差値 CS グラフが必要となります。

24 改善度指数

【かいぜんどしすう】 ▶▶▶ CS グラフ上の各要素の優先順位をつけるための指標
使える場面 ▶▶▶▶▶▶▶▶▶ 顧客満足度の調査結果から改善すべき要素の優先順位を知りたいときなど

　CS グラフを用いることで、4 つの領域から優先するべき要素が大まかにわかるようになりました。しかし、たとえば右下の領域にたくさんの要素があった場合、どの要素を優先して改善すればよいかがわかりません。その優先順位をつけるための指標が**改善度指数**です。

　改善度指数は下記の手順で求めることができます。

① 要素について、「CS グラフ中心の原点から要素までの距離」「原点と要素を結んだ線と、基準線(原点と右下最下点を結んだ線)との間の角度」を求める

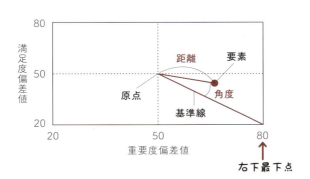

※距離は定規で測るか、または点の位置(座標)から計算する
※角度は分度器で測るか、または点の位置(座標)から計算する
　Excel の関数でも求められる(付録 P.238 参照)

② 角度を修正角度指数に変換する。修正角度指数とは、基準線からの角度について、90°を0に、45°を0.5に、0°を1に変換したもので、下記の式で算出する

修正角度指数＝（90°－角度）÷90°

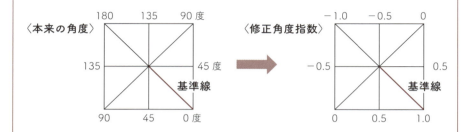

③ 原点からの距離と修正角度指数とを掛けて、改善度指数を求める

改善度指数＝距離×修正角度指数

CSグラフ上の要素の位置が原点から距離が長く、基準線との角度が0に近いほど（修正角度指数が大きいほど）、改善度指数は大きくなります

改善度指数に関する留意点

旅館満足度調査に関する詳細評価について、角度、修正角度指数、距離、改善度指数を次の表に示しました。

旅館満足度調査の各要素に関する改善度指数

	角度	修正角度指数	距離	改善度指数
部屋の印象	34.76	0.614	20.15	12.37
部屋の清潔さ	98.84	− 0.098	6.62	− 0.65
部屋のにおい	18.51	0.794	13.38	10.63
部屋の温度	82.00	0.089	26.71	2.37
照明の明るさ	85.72	0.048	15.68	0.75
備品の装備	144.70	− 0.608	8.48	− 5.15
バス・トイレ・洗面台	118.87	− 0.321	6.54	− 2.10
寝具の清潔さ・寝心地	126.49	− 0.405	13.17	− 5.34
部屋での物音や声	166.32	− 0.848	9.09	− 7.70
係員の部屋への出入り	173.32	− 0.926	6.42	− 5.94

改善度指数は改善の必要がある要素を正の値、改善の必要がない要素を負の値で表します

改善度指数の値から、改善の必要性について次の表のように判断できます。

改善度指数	改善の必要性
10 以上	即改善
5 以上	要改善
5 未満	要観察・要検討
0 以下	改善不要

以上のことから、改善度指数を求めれば要素の優先順位がつけられ効率良く改善していくことができます。上記の例では旅館の総合評価を上げるためには、「部屋の印象」「部屋のにおい」は即改善しなければならないということがわかります。

改善度指数の計算はExcelの機能でもできますが、本書では割愛します
株式会社アイスタットのExcel統計解析ソフトウェアで簡単に計算できます。ソフトウェアは株式会社アイスタットのホームページから無料でダウンロードできます

Chapter 05

正規分布・z分布・t分布

何かが起こる確率を調べる

頂上は通過点に過ぎない（ハズ……）

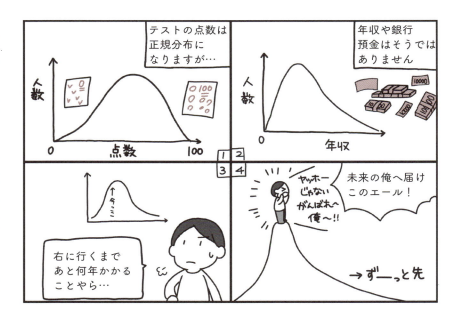

25 正規分布
Normal distribution

【せいきぶんぷ】▶▶▶ データのグラフにおいて、平均付近が最も高く、平均から離れるにつれて緩やかになっていく、左右対称な釣り鐘型の分布

使える場面 ▶▶▶▶▶▶ 大学受験生が受ける全国統一模擬テストにおいて、ある点数以上の学生が占める割合を知りたいときなど

具体例で正規分布とは何かを見ていきましょう。

具体例

下記のデータは、ある学級 40 人のテストの得点と平均値、標準偏差を示したものです。

No	1	2	3	4	5	6	7	8	9	10
得点	37	39	40	43	45	47	50	53	55	55

No	11	12	13	14	15	16	17	18	19	20
得点	57	58	59	60	60	61	62	64	64	64

No	21	22	23	24	25	26	27	28	29	30
得点	64	66	67	67	68	69	70	70	70	72

No	31	32	33	34	35	36	37	38	39	40
得点	72	74	75	75	77	79	83	85	89	95

個体数（人）	40
平均値（点）	64.0
標準偏差（点）	13.3

※標準偏差は n を使用

標準偏差の公式（式の分母）には n と $n-1$ がありますよ（P.33 参照）

40人の得点について、どのように分布しているのかを調べるために階級幅10点の度数分布表（**下表**）を作成しました。

階級幅	人数
30点未満	0
30点以上40点未満	2
40点以上50点未満	4
50点以上60点未満	7
60点以上70点未満	13
70点以上80点未満	10
80点以上90点未満	3
90点以上100点未満	1
100点	0

度数分布のグラフを見ると、平均値付近が一番高く、平均値から離れるにつれて緩やかに低くなっています。**グラフの形状は左右対称な釣り鐘型の分布、富士山型**です。

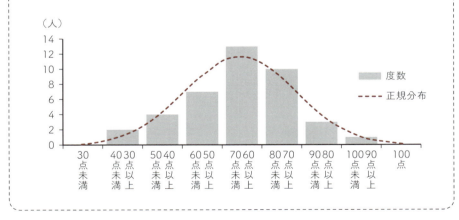

左右対称・釣り鐘型の曲線が正規分布です。正規分布は統計学や自然科学、社会科学の様々な場面で複雑な現象を簡単に表すモデルとして用いられています。

正規分布の性質

正規分布の形状はデータの平均値、標準偏差によって決まります。下図は平均値 $m=60$ 点、標準偏差 $\sigma=10$ 点の正規分布です。図を見ながら正規分布の性質を考えてみましょう。

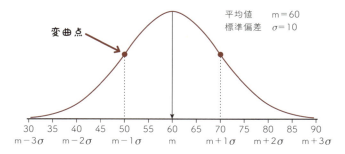

上図から読み取れること

- 平均値（60点）を中心に、左右対称である。
- 曲線は平均値で最も高くなり、左右に広がるにつれて低くなる。
- 曲線と横軸で囲まれた面積を100%とする。曲線の中の区間の面積は、平均値 m、標準偏差を σ とすると、次のようになる。

区間 $m-1\sigma$、$m+1\sigma$	（50〜70点）	ほぼ68%
区間 $m-2\sigma$、$m+2\sigma$	（40〜80点）	ほぼ95%
区間 $m-3\sigma$、$m+3\sigma$	（30〜90点）	ほぼ100%

- 面積を確率と表現することがある。
- 横軸 $m-1\sigma$（図では50点）と $m+1\sigma$（図では70点）に対応する曲線上の点を**変曲点**という。この変曲点に囲まれた部分の曲線は上に凸、変曲点の外側は下に凸となる。

正規分布の面積（確率）の求め方

正規分布の面積（確率）は Excel の関数を使って求めることができます。

Excelメモ

横軸 x 以下の下側面積（確率）を求める場合

平均値 m、標準偏差 σ の正規分布において、横軸の値 x 以下の下側面積は、Excel の任意のセルに次の関数を入力し、Enter キーを押すと出力されます。

`=NORMDIST($x,m,\sigma$,1)`

1 は定数（1 は TRUE と解釈されます）

$m = 60$、$\sigma = 10$、$x = 70$ の場合

`=NORMDIST(70,60,10,1)`

Enter = 0.84

下側 84%、上側 16%

> 上の関数は、テスト結果の分布をもとに、ある得点以下である確率を求めたりするのに使います

> 下の関数は、テスト結果の分布をもとに、下位 p%以上に入るためには、何点必要かを求めたりするのに使います

Excelメモ

下側面積（確率）p に対する横軸の値 x を求める場合

平均値 m、標準偏差 σ の正規分布において、図に示す下側面積 p に対する横軸の値 x は、Excel の任意のセルに次の関数を入力し、Enter キーを押すと出力される。

`=NORMINV($p,m,\sigma$)`

$m = 60$、$\sigma = 10$、$p = 0.84$ の場合

`=NORMINV(0.84,60,10,)`

Enter = 70

正規分布の活用

下記の問題をもとに、Excel 関数を使って正規分布の面積（確率）を求めてみましょう。

> **問題**
>
> 進学塾 10,000 人の数学の偏差値は正規分布に近いことがわかっている。250 番以内に入るには偏差値を何点以上とればよいかを求めよ。

> **解答**
>
> 10,000 人中、250 番以内となる割合を A とすると
>
> A = 250 ÷ 10,000 = 0.025
>
> よって
>
> 累積割合 = 1 − 0.025 = 0.975　←下側面積 p 値のこと
>
>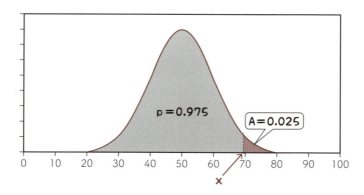
>
> 割合が 0.975 となる横軸の値を x とします。x が求める得点です。
> 偏差値の平均値は 50 点、標準偏差は 10 点です。
> 平均値 50 点、標準偏差 10 点の正規分布における x の値は次の Excel 関数によって求められます。

Excelメモ

正規分布における横軸の値の求め方

=NORMINV（下側確率 , 平均値 , 標準偏差）

=NORMINV(0.975,50,10)　Enter ＝ 69.6

以上から、偏差値を 70 点以上とれば 250 番以内に入れることがわかりました。

A. 70 点

なぜ検定をするのか？
そこに正規分布があるからですよ

26 Standard normal distribution
z 分布（標準正規分布）

【ぜっとぶんぷ／ひょうじゅんせいきぶんぷ】
▶▶▶ 平均 0 で標準偏差が 1 となる正規分布

使える場面 ▶▶▶ 社員全体の残業時間が正規分布を構成しており、平均残業時間と標準偏差の値がわかっていて、一定時間以上の残業をしている社員の割合を算出したいときなど

P.98 に登場した、ある学級の 40 人のテストの得点の基準値を算出しました。

No.	得点	偏差	基準値
1	37	− 27	− 2.03
2	39	− 25	− 1.88
3	40	− 24	− 1.80
4	43	− 21	− 1.58
5	45	− 19	− 1.43
⋮	⋮	⋮	⋮
36	79	15	1.13
37	83	19	1.43
38	85	21	1.58
39	89	25	1.88
40	95	31	2.33

個体数（人）	40
平均（点）	64.0
標準偏差（点）	13.3

【計算例】No.40 の基準値
$(95 − 64) ÷ 13.3 = 2.33$

基準値について階級幅 1 の度数分布と相対度数のグラフを作成すると以下の通りになります。

階級幅	階級値	度数	相対度数
− 3.5 以上 − 2.5 未満	− 3	0	0.0%
− 2.5 以上 − 1.5 未満	− 2	4	10.0%
− 1.5 以上 − 0.5 未満	− 1	7	17.5%
− 0.5 以上 0.5 未満	0	18	45.0%
0.5 以上 1.5 未満	1	8	20.0%
1.5 以上 2.5 未満	2	3	7.5%
	計	40	100.0%

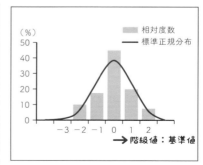

基準値の相対度数の形状が正規分布であるとき、この曲線分布を**標準正規分布**といいます。

変数 x、平均値 m、標準偏差 σ の正規分布において、$z = \dfrac{x-m}{\sigma}$ とすると標準正規分布になります。

標準正規分布を **z 分布** ということもあります。

z 分布（標準正規分布）の性質

z 分布（標準正規分布）の形状はデータの平均、標準偏差によって決まります。

基準値の平均値は 0、標準偏差は 1 なので、z 分布（標準正規分布）の平均は 0、標準偏差は 1 となり、グラフの形状は**下図**のようになります。

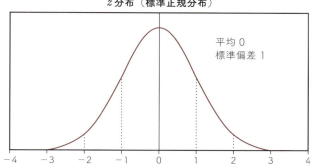

z 分布（標準正規分布）

平均 0
標準偏差 1

z 分布のグラフの特徴

- 平均値 0 を中心に、左右対称となる。
- 曲線は平均値で最も高くなり、左右に広がるにつれて低くなる。
- 曲線と横軸で囲まれた面積を 100%とした場合、曲線の中の区間の面積は、**下表**のようになる。

区間　−1〜+1	ほぼ 68%
区間　−2〜+2	ほぼ 95%
区間　−3〜+3	ほぼ 100%

z 分布の区間の確率（面積）は下記の Excel の関数で求められます。

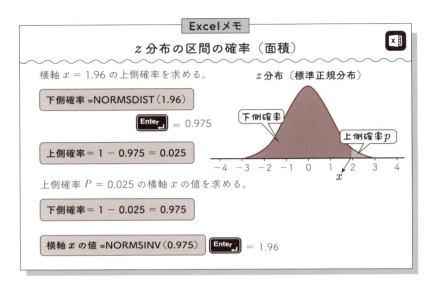

度数分布が正規分布であるかどうかを調べる方法

　度数分布のグラフの形状が左右対称な釣り鐘型の分布、富士山型になっていれば正規分布であるといいましたが、富士山型になっていても、尖りすぎた山、平らすぎる山の形状は正規分布といえません。

そこで、度数分布の形状が正規分布であるかを見極めるために、統計学的に判定しなければなりません。

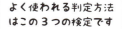

正規分布かどうかを見極めるためによく使われる判定
① 歪度、尖度による判定
② 正規確率プロットによる判定
③ 正規性の検定

よく使われる判定方法はこの3つの検定です

- ①、② : 観測されたデータ（サンプルという）から作成した度数分布が正規分布であるかを調べる方法
- ③ : アンケート調査や実験によって観測されたデータから作成した度数分布を基に、母集団についても度数分布は正規分布といえるかを調べる方法。

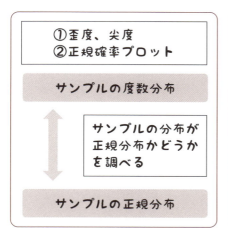

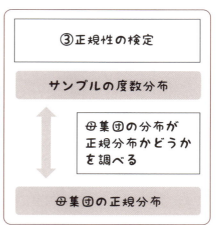

※歪度、尖度→P.108、正規確率プロット→P.112

27 歪度と尖度
Skewness　Kurtosis

【わいど】▶▶▶▶ 分布が正規分布からどれだけ歪んでいるかを表す
【せんど】▶▶▶▶ 分布が正規分布からどれだけ尖っているかを表す
使える場面 ▶▶▶ 社員の異動回数が正規分布であるかを調べたいときなど

　集団の分布は、左右対称であったり、峰が右にあったり、山が2つあったり、様々な場合があります。
　そこで正規分布を基準としたとき、集団の分布が上下あるいは左右に、どの程度偏っているかを調べるための散布度が、「ゆがみ」と「とがり」です。
　「ゆがみ」は「歪度（わいど）」、「とがり」は「尖度（せんど）」ともいいます。

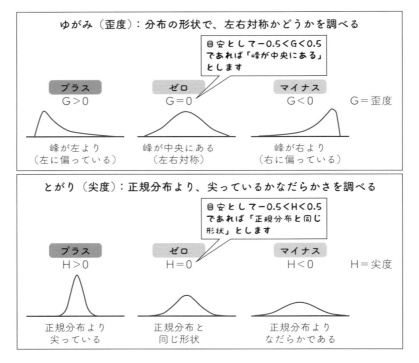

　「ゆがみ」、「とがり」が0に近いほどその集団の分布は正規分布に近いといえますが、残念ながら値がいくつの区間に入れば正規分布に従うという統計学的基準はありません。

経験上、度数分布の歪度、尖度どちらも−0.5〜0.5の間にあれば、度数分布の形状は正規分布と判断します。

　下の3つの中では、Bが「ゆがみ」「とがり」の値がいずれも−0.5〜0.5の間にあるので、正規分布といえます。

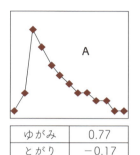

ゆがみ	0.77
とがり	−0.17

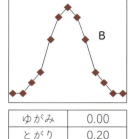

ゆがみ	0.00
とがり	0.20

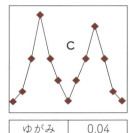

ゆがみ	0.04
とがり	−1.38

度数分布の形状を判別する際の目安

歪度、尖度ともに−0.5〜0.5の間にあれば正規分布

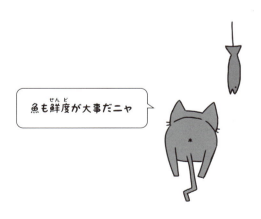

魚も鮮度が大事だニャ

問題

次の表と度数分布のグラフは、20歳代女性29人の海外旅行回数である。この分布の歪度、尖度を求め、このデータは正規分布であるかを求めよ。

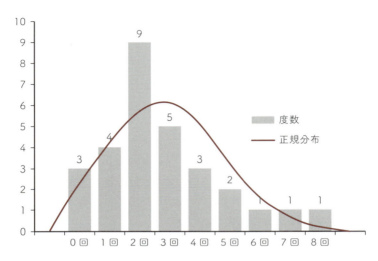

No	1	2	3	4	5	6	7	8	9	10	11
データ	0	0	0	1	1	1	1	2	2	2	2

No	12	13	14	15	16	17	18	19	20	21	22
データ	2	2	2	2	2	3	3	3	3	3	4

No	23	24	25	26	27	28	29	平均	標準偏差
データ	4	4	5	5	6	7	9	2.7931	2.0939

バカンス
バカンス

解 答

歪度と尖度を求めて判断します。

歪度、尖度は Excel の関数で求められます。

Excelメモ

歪度・尖度の求め方

歪度 =SKEW（数値 1、数値 2...）

尖度 =KURT（数値 1、数値 2...）

	A	B
1	No.	データ
2	1	0
3	2	0
4	3	0
5	4	1
6	5	1
⋮	⋮	⋮
26	25	5
27	26	5
28	27	6
29	28	7
30	29	9

歪度=SKEW(B2:B30)
尖度=KURT(B2:B30)

歪度=1.17191
尖度=1.67984

歪度＝ 1.1719 ＞ 0.5、尖度＝ 1.6798 ＞ 0.5 であるため、海外旅行回数の度数分布は正規分布とはいえないことがわかりました。

A. 正規分布ではない

Normal probability plot
正規確率プロット

【せいきかくりつぷろっと】 ▶▶▶ データの分布が正規分布に従っているかどうかを調べるためのプロット

使える場面 ▶▶▶▶▶▶▶▶▶▶▶▶ データの分布が正規分布になっていると仮定した場合、その仮定の正当性を証明したいときなど

累積相対度数の傾向から度数分布が正規分布であるかを調べる方法を**正規確率プロット**といいます。

正規確率プロットは、累積相対度数から z 値という統計量を算出します。

具体例

下記の度数分布の累積相対度数を、正規確率プロットによって正規分布であるかを調べてみましょう。

階級幅	階級値	度数	相対度数	累積相対度数
① 10～19	15	2	5.0%	5.0%
② 20～29	25	4	10.0%	15.0%
③ 30～39	35	7	17.5%	32.5%
④ 40～40	45	13	32.5%	65.0%
⑤ 50～59	55	10	25.0%	90.0%
⑥ 60～69	65	3	7.5%	97.5%
⑦ 70～79	75	1	2.5%	100.0%
		40	100.0%	

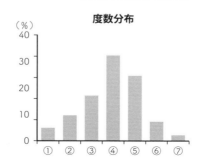

度数分布

z値は、**z分布**（標準正規分布→P.104）における下側確率が累積相対度数となる横軸の値です。

z値はExcelの関数で求められます

Excelメモ
z値の求め方

=NORMSINV（累積相対度数）

【計算例】
階級値15の累積相対度数は0.05（5.0％）
よって
z値 =NORMSINV（0.05） → Enter = − 1.64

算出したz値を表に書き込むと以下の通りです。

階級幅	階級値	度数	相対度数	累積相対度数	z値
① 10〜19	15	2	5.0％	5.0％	− 1.64
② 20〜29	25	4	10.0％	15.0％	− 1.04
③ 30〜39	35	7	17.5％	32.5％	− 0.45
④ 40〜40	45	13	32.5％	65.0％	0.39
⑤ 50〜59	55	10	25.0％	90.0％	1.28
⑥ 60〜69	65	3	7.5％	97.5％	1.9
⑦ 70〜79	75	1	2.5％	100.0％	
		40	100.0％		

次に、z 値を縦軸、階級値を横軸にとり散布図を描きます。このグラフを**正規確率プロット**といいます。

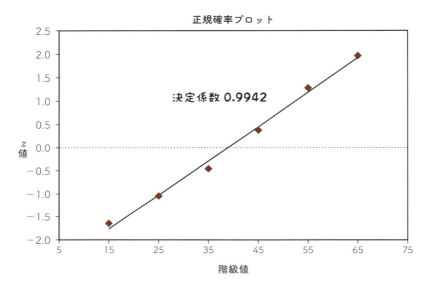

散布点が直線傾向にあると判定できた場合、度数分布の形状は正規分布であるといえます。

直線傾向が見られるため、正規分布であるといえます。

散布点に対する直線の当てはまり具合は決定係数で把握できます。決定係数が 0.99 以上の場合、度数分布は正規分布と判断します

29 t distribution
t 分布

【てぃーぶんぷ】▶▶▶ 標準正規分布とよく似た形の分布で、統計学検定によく利用される分布

使える場面 ▶▶▶▶▶▶ 標本集団から、母平均を推定・検定したいときなど

別称 ▶▶▶▶▶▶▶▶▶▶ スチューデントの t 分布

t 分布とは、次の第 6 章以降で解説する統計的推定や統計的検定に利用される分布で、分布の形は z 分布によく似ています。

t 分布は 1908 年にウィリアム・シーリー・ゴセットにより発表されました。当時の彼はビール醸造会社に雇用されていました。この会社では従業員論文の公表を禁止していたので、「スチューデント」というペンネームを使用して論文を発表しました。このことから t 分布は「スチューデントの t 分布」と呼ばれるようになりました。

t 分布のグラフの形状は、パラメータである自由度 f（Degree of freedom）という値に依存し、f が大きくなるにつれて、z 分布に近づきます。そして、f が十分に大きくなると、z 分布（標準正規分布）に一致します。一方、f が小さくなるにつれて、z 分布に比べてなだらかになり、横幅が広がります（下図）。

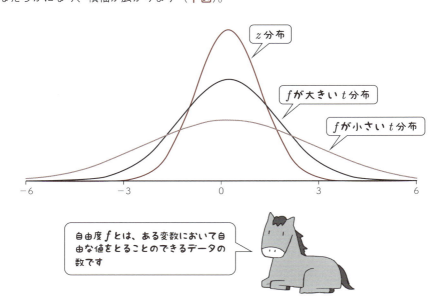

なお、**自由度 f** は標本調査のサンプルサイズに依存します。推定や検定の公式によって、f の求め方は異なります。自由度 $f=1$、$f=5$、$f=100$ の t 分布は下図のようになります。

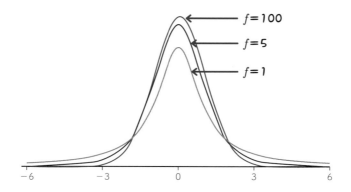

自由度について

自由に値を取れるデータの数のことを**自由度**と言います。たとえば、サンプルサイズが 3 個のデータから算出された標本平均が 5 であるとき、1 つ目の値と 2 つ目の値は自由に取ることができます。たとえば、3 と 4 とします。すると、3 つ目の値は標本平均が 5 となるようにしなくてはならないので、「8」しか取ることはできません。

$$(\boxed{3} + \boxed{4} + \boxed{?}) \div 3 = 平均 5$$
$$\rightarrow \boxed{?} = \boxed{8}$$

1つ目	2つ目	3つ目	標本平均
3	4	?	5

↑
平均を 5 にするためには
8 しかない

つまり、自由に値を取れるデータの個数が 1 つ分減ってしまったことになります。自由に値を取れるデータ、すなわち自由度は 3 個から 1 つ引いた値で 2 個です。標本平均を算出するための自由度（f とする）はサンプルサイズ n から 1 を引いた値です。

自由度 $f = n - 1$

分散は標本分散と母分散の2つがあります。

計算式

標本分散：$($観測データ$-$標本平均$)^2 \div (n - 1)$

求められた個々の値を合計

母分散　：$($観測データ$-$母平均$)^2 \div n$

求められた個々の値を合計

標本平均は調査の誤差によってバラツキます。母平均は真の値でバラツきません。

標本平均が式の中にある標本分散の分母は自由度 $n - 1$、母平均が式の中にある母分散の分母は自由度を考慮せず n とします。

t 分布の面積（確率）の求め方

t 分布の区間における面積（確率）は以下のように Excel の関数を使って求めることができます。

Excelメモ

自由度 f の t 分布において、横軸の値 x 以上の上側確率を求める方法

Excel のシート上の任意のセルに下記の関数を入力し、Enter キーを押すと出力される。

=TDIST$(x, f, 1)$　※1は上側確率、2は両側確率

TDIST $(x, f, 1)$ における確率変数 x は、0以上の値である。マイナスの値は指定できない。

05

正規分布・z分布・t分布——何かが起こる確率を調べる

では、ためしに自由度 $f=8$ の t 分布における区間 $-0.5\sim0.5$ の確率を求めてみましょう。

TDIST $(x, f, 1)$ によって、x の上側確率（**右図A**）を算出します。

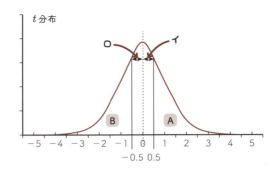

$x=0\sim0.5$ の確率（上図イ）

$x=0\sim0.5$ の確率は、$x=0$ の上側確率と $x=0.5$ の上側確率の差分ですので、それぞれの数値を求めます。

$x=0$ の上側確率は、0.5000 です（Excel関数「=TDIST(0,8,1)」）。
$x=0.5$ の上側確率は、0.3153 です（Excel関数「=TDIST(0.5,8,1)」）。
よって、$x=0\sim0.5$ の確率は以下の通りになります。

$0.5000 - 0.3153 = 0.1847$ ………（イ）

$x=-0.5\sim0$ の確率（上図ロ）

$x=-0.5$ 以下の下側確率（**上図B**）は、t 分布が $x=0$ を基準に左右対称であることを利用して、$x=0.5$ 以上の上側確率から求めます。

$x=-0.5$ の下側確率は、0.3153 です（Excel関数「=TDIST(-0.5,8,1)」）。
よって、$x=-0.5\sim0$ の下側確率は

$0.5000 - 0.3153 = 0.1847$ ………（ロ）

ゆえに、自由度 $f=8$ の t 分布における区間 $-0.5\sim0.5$ の確率は

（イ）＋（ロ）＝ $0.1847 + 0.1847 = 0.369$

問題

自由度 $f = 50$ の t 分布において、横軸の値が $-2.01 \sim 2.01$ になる確率を求めよ。

解答

前述と同じ考え方で求めます。まず、$x = 2.01$ の上側確率を求めると、0.025 です（Excel 関数「=TDIST（2.01,50,1）」）。

$x = -2.01$ の下側確率も同様の手順と同様に（t 分布が $x = 0$ を基準に左右対称であることを利用して、$x = 2.01$ の上側確率から求める）、0.025 と求められます（Excel 関数「=TDIST（2.01,50,1）」）。

以上より、自由度 $f = 50$ の t 分布における区間 $-2.01 \sim 2.01$ の確率は

$1 - 0.025 - 0.025 = 0.95$

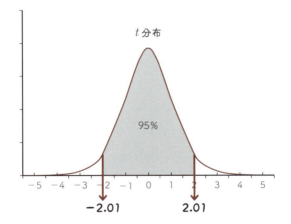

A. 95%

t 分布の上側確率における横軸の値

t 分布の上側確率における確率変数（横軸）の値は Excel 関数で求めることができます。

> **Excelメモ**
>
> ### 自由度 f の t 分布において、上側確率 p に対する横軸の値 x を求める方法
>
> Excel のシート上の任意のセルに下記の関数を入力し、Enter キーを押せば算出できます。
>
> = TINV（確率 p の 2 倍, f）
>
> ※ TINV 関数は両側確率の x 値を算出する関数である。上側確率（片側のみ）を算出する場合は確率の 2 倍を指定する

では、ためしに下記のグラフの自由度 $f=8$ の t 分布の上側確率 2.5% における横軸の値を求めてみましょう。

Excel 関数より 2.31 〔 =TINV（0.025 の 2 倍, 8） → Enter = 2.31 〕

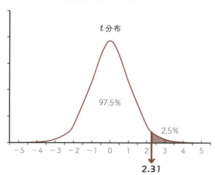

なお、t 分布の自由度 $f=8$ の上側確率が 0.5%、1%、2.5%、5%、$f=1000$ の上側確率 2.5% のそれぞれの場合の x の値は下記の通りになります。

上側確率	下側確率	Excel		x
0.5%	99.5%	=TINV（0.005*2,8）	→	3.36
1.0%	99.0%	=TINV（0.01*2,8）	→	2.90
2.5%	97.5%	=TINV（0.025*2,8）	→	2.31
5.0%	95.0%	=TINV（0.05*2,8）	→	1.86
2.5%	97.5%	=TINV（0.025*2,1000）	→	1.96

Chapter 06

母集団と標準誤差

一部から全体を推測する①

統計も負けることがある

母集団と標本調査
Population/Sample survey

【ぼしゅうだん】▶▶▶▶▶▶▶ 調べたい集団全体のこと
【ひょうほんちょうさ】▶▶▶ ある集団の中から一部の対象だけを抽出して調査すること

　日本で5年ごとに行われる国勢調査は、日本に在住するすべての人を調査することになっています。このような集団全体を対象とする調査を**全数調査**といいます。
　調査の内容や目的によっては、集団全体を調査することが不可能であったり、または無意味であったりすることがあります。
　たとえば、選挙の予想などに全数調査を実施したら、大変な費用がかかるばかりでなく、調査結果が出る前に選挙が終わってしまった、ということにもなりかねません。
　そこで、集団全体ではなく一部分を調査し、調査結果から全体を把握することを考えます。調べたい集団全体のことを**母集団**といいます。母集団に属する一部のデータを**サンプル**といい、サンプルを対象とする調査を標本調査といいます。標本調査は調査の結果から母集団について推測することを目的とします。

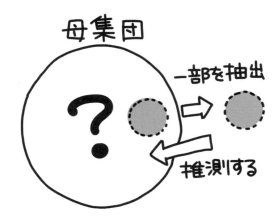

全生徒数が 1,000 人の小学校で 200 人の生徒を
無作為に抽出しお年玉の金額を調査した

調査データからこの学校全体のお年玉の平均値を推計する

このとき
- 推計したい集団（小学校 1,000 人の生徒）＝母集団
- 集団の一部分を対象とする調査（生徒 200 人の調査）＝標本調査

標本調査に関する留意点

　標本調査は、母集団の一部を調べ母集団の性質を統計学的に推定する方法です。すべての対象を調べるわけではないので、その結果には誤差（これを「標本誤差」といいます）が含まれます。したがって、多くの場合、統計調査は標本調査により行われています。

　みなさんが実施しているアンケートの大半は、母集団のことを調べることを目的としたものなので正しくいえばアンケート調査ではなく、標本調査です。

n サンプルサイズと標本平均

Sample size　　　　　Sample mean

【さんぷるさいず】▶▶▶▶▶▶ 標本調査のデータの個数
【ひょうほんへいきん】▶▶▶ 標本調査の平均

　母集団全体のデータの個数（大きさ）を**母集団サイズ**、標本調査のデータの個数を**サンプルサイズ**といいます。
　母集団の平均を**母平均**、標本調査の平均を**標本平均**といい、母集団の割合（比率）を**母比率**、標本調査の割合を**標本比率**といいます。
　母集団の標準偏差を**母標準偏差**、標本調査の標準偏差を**標本標準偏差**といいます。
　母集団と標本調査の用語や記号は、区別するために下表のように別々に定めます。

	母集団	標本調査
サイズ	母集団サイズ　N	サンプルサイズ　n
平均	母平均　m	標本平均　$\bar{x}$
割合	母比率　P	標本比率　$\bar{p}$
標準偏差	母標準偏差　σ	標本標準偏差　s

N（ラージエヌ）、n（スモールエヌ）は Number（ナンバー）の頭文字です

　たとえば、ある小学校の全生徒数 1,000 人からランダムで 200 人を抽出したところ、お年玉の平均金額が 13,000 円でした。この場合、上表のように区別すると、1,000 人は母集団サイズ（N）、200 人はサンプルサイズ（n）、13,000 円は標本平均（$\bar{x}$）となります。

サンプルサイズに関する留意点

サンプルサイズに対して**サンプル数**という用語があります。似ている言葉ですが、意味が違いますので混同しないように気をつけましょう。

母集団からサンプルを抽出したとき、サンプルのデータの個数がサンプルサイズ、サンプルの群の数（何組、何セット）がサンプル数となります。

たとえば、下記のようにある企業で社員の身長のデータを3日間に分けて測定したとします。

この場合、サンプルサイズは100、200、300で、サンプル数は3となります。サンプル数とは、個々のデータの数ではなく、測定した100人1セットなどのセットが何個あるのかということです。

30 Standard error 標準誤差

【ひょうじゅんごさ】▶▶▶ 母集団のことを知るバロメーター
使える場面 ▶▶▶▶▶▶▶▶▶ 標本平均の値が母平均に対してどの程度バラついているのか知りたいときなど

標準誤差は、母集団から抽出されたサンプルの標本平均を求める場合、標本平均の値が母平均に対してどの程度バラついているかを表すものです。

計算式

サンプルサイズを n とすると、

$$標準誤差 = \frac{標本標準偏差}{\sqrt{n}}$$

※標本標準偏差 = $\sqrt{不偏分散}$

問題

ある企業で大量に生産している電子機器を5個無作為に抽出し、バッテリー稼働時間を調べた。以下のデータを参考に標準誤差を求めよ。

製品	稼働時間（分）
A	55
B	65
C	68
D	60
E	62
平均	62

> **解 答**
>
> まず不偏分散を求めます。
>
> 偏差平方和 $= (55-62)^2 + (65-62)^2 + (68-62)^2 + (60-62)^2$
> $\qquad\qquad\quad + (62-62)^2$
> $\qquad\quad = 49 + 9 + 36 + 4 + 0$
> $\qquad\quad = 98$
>
> よって
>
> 不偏分散 $= \dfrac{\text{偏差平方和}}{n-1} = \dfrac{98}{5-1} = 24.5$
>
> 前出の計算式に代入すると
>
> 標準誤差 $= \dfrac{\text{標本標準偏差}}{\sqrt{n}} = \dfrac{\sqrt{24.5}}{\sqrt{5}} = 2.2\cdots$
>
> A. 2.2

標準誤差に関する留意点

　標本標準偏差が小さくなるほど、また、サンプルサイズが大きくなるほど標準誤差は小さくなります。その場合、標本平均で母平均を推測した時の誤差が小さくなり標本平均の信頼性が増します。

　標準誤差と標準偏差は類似しているので、混乱を避けるために標準偏差を SD、標準誤差を SE で表します。

データの散らばり程度、n の大きさを考慮して求められた SE は、母集団のことを知るためのバロメーターです

31 mean ± SD

【へいきん±ひょうじゅんへんさ】▶▶▶ 平均±標準偏差

mean ± SD は平均±標準偏差のことで、平均と標準偏差から集団の特徴を表したものです。

データが正規分布に従うことがわかっている場合、mean ± SD の範囲にデータの約68％が収まり、mean ± 2 × SD の範囲に約95％、mean ± 3 × SD の範囲にデータの約100％が収まります（下図）。

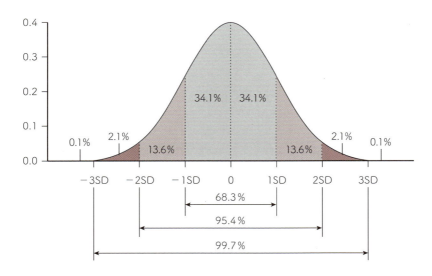

たとえば、生徒数が 500 人の学校におけるテスト成績の平均値が 60 点、標準偏差が 10 点だったとします。

mean ± SD にて、得点は正規分布に従うとすると、60 ± 10、すなわち 50 〜 70 点の学生は 500 人の約 68％＝約 340 人、40 〜 80 点の学生は約 95％＝約 475 人がいることがわかります。

mean ± SD に関する留意点

mean ± SD が 70 ± 10 歳でデータが正規分布に従う場合、「データの全員が 60 〜 80 歳の人だった」ということではなく、「平均値が 70 歳で、60 〜 80 歳の間に約 68％の人がいて、50 〜 90 歳の間に約 95％の人がいるデータ」ということを表しています。

平均と標準偏差を求めれば特定の値が全体のどこに位置するかがわかります。

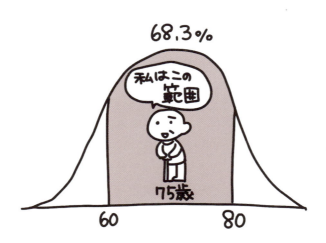

32 mean ± SE

【ひょうほんへいきん±ひょうじゅんごさ】▶▶▶ 標本平均±標準誤差

mean ± SE は標本平均±標準誤差のことで、標本平均と標準誤差から母平均の範囲を表したものです。

ある地域の成人女性 400 人を対象に喫煙本数の調査をしました。その結果、標本平均は 11.5 本、標本標準偏差は 3.8 本、標準誤差 SE は 0.19 でした。

$$SE = \frac{標本標準偏差}{\sqrt{n}} = \frac{3.8}{\sqrt{400}} = \frac{3.8}{20} = 0.19$$

mean ± SE を計算すると、11.5 ± 0.19、11.31 〜 11.69 本でした。母平均は標本調査を 100 回行ったとしたら、約 68 回は 11.3 〜 11.7 本の範囲に収まることを意味しています。言い換えれば、喫煙本数の母平均が 11.3 〜 11.7 本であるという推定の信頼度は 68％ということです。

mean ± SE に関する留意点

mean ± 2 × SE という表記がありますが、これは母平均の推定幅の信頼度が 95％であることを意味します。母平均の推定公式としては mean ± 2 × SE でなく、正しくは mean ± 1.96 × SE を用います。

喫煙本数の例で示すと、母平均の推定幅は 11.5 ± 1.96 × 0.19、11.1 〜 11.9 本となります。この推定幅の信頼度は 95％、この判断を間違える確率は 5％です。

つまり、標本調査を繰り返し行えば 100 回に 95 回の割合で「mean ± 1.96 × SE」の中に母平均を含んでいるので、とりあえずは母平均が 11.1 〜 11.9 本の中に含まれると考えてもよいとわかるわけです。

33 誤差グラフとエラーバー

Error bar

- 【ごさぐらふ】▶▶▶ 平均値とエラーバーを描いたグラフ
- 【えらーばー】▶▶▶ データのバラツキ、データに含まれる誤差、または信頼度を示すもの
- 使える場面 ▶▶▶▶▶ 2つの商品の平均売り上げの有意差を比べるときなど

平均値を棒グラフや折れ線グラフで描いたとき、平均値の上下に乗せたT字を**エラーバー**といい、平均値とT字を描いたグラフを**誤差グラフ**といいます。

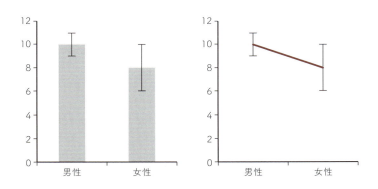

エラーバーは一般的にデータのバラツキ、データに含まれる誤差、または信頼区間（たとえば95％信頼区間）を示すもので、エラーバーの長さは標準偏差（SD）や標準誤差（SE）、信頼区間を適用します。

エラーバーに関する留意点

　エラーバーは、一般的に SE、SD、あるいは任意の信頼区間を表しますが、これらの量は同じではないため誤差グラフのどこかにエラーバーが何を表しているかを記載しなければなりません。

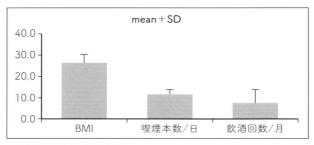

	mean ＋ SD	mean ＋ SE
ねらい	集団全体の特徴を示す	母集団の平均値が収まる範囲を示す

　上下両側にエラーバーをつけますが、上図のように下側を省略して上側の片側だけでエラーバーを表記することもあります。

P.128, 130 で mean ± SD、mean ± SE を説明しましたが、誤差グラフは mean ＋ SD、mean ＋ SE を視覚化したものです

Chapter 07

統計的推定

一部から全体を推測する②

統計とは哲学である

母平均の推定
The estimation of the population mean

【ぼへいきんのすいてい】▶▶▶ サンプルから得られた値を使って信頼区間
をもたせて母平均について推定する方法

　たとえば、サンプルから得られた値を用いて「ある県の小学生のお年玉金額の平均値は 27,000 ～ 29,000 円の間にある」と幅をもたせて母平均について推定する方法を**母平均の推定**といいます。

　そして、その場合の幅を**信頼区間**（**CI**：Confidence interval）といいます。

具体例

　ある県の小学校の生徒数は 10,000 人です。この県の小学生全体のお年玉平均金額を調べるために $n = 51$ の標本調査を行いました。標本平均は 28,000 円、標本標準偏差は 3,000 円でした。
この県の小学生全体の平均金額は 28,000 円と考えてよいでしょうか。

抽出された生徒は、この県の小学生 10,000 人の中で金額が低いほうの集団かもしれませんし、高いほうの集団かもしれません。**たまたま抽出されたサンプルの平均値をもって、母集団（県全体）の平均値であるといい切ってしまうのは危険です。**
そこで、調査から得られた平均値に一定の幅をもたせます。つまり、「この県の小学生全体の平均金額は 27,156 ～ 28,844 円の間にある」といういい方で、母集団の平均値を推定します。
「27,156 ～ 28,844 円の間にある」というとき、27,156 円を**下限値**、28,844 円を**上限値**、下限値と上限値で挟まれた区間を**信頼区間**といいます。
調査によって求めた標本平均は母平均と必ずしも一致しません。その乖離は調査による誤差です。

> 計算式
> - 母平均＝標本平均±E
> - 下限値＝標本平均－E
> - 上限値＝標本平均＋E
>
> ※ただし、Eは調査による誤差

母平均の信頼区間は、調査による誤差の値（Eとする）と、Eと調査の平均値（標本平均）を減算、加算することによって求められます

Eの求め方はのちほど説明しますが、この例のEは844円でした。よって、信頼区間は次のように求められます。

- 母平均＝28,000±844（円）
- 下限値＝28,000－844＝27,156（円）
- 上限値＝28,000＋844＝28,844（円）

以上より、この県の小学校のお年玉金額の平均値は27,156～28,844円の間にあるといえます。なお、「この推定の信頼度は95％で求められたものです」と条件を付記することを忘れないようにしましょう。

34 Confidence interval 信頼度（95% CI）

【しんらいど】▶▶▶ 信頼区間の幅に収まる確率

信頼度95%とは、標本調査を100回行ったら、標本平均が信頼区間の幅に収まることは95回、外れることは5回あるということです。

信頼区間の幅に収まる確率を**信頼度**または**信頼係数**といいます。

信頼区間は**信頼度95%**で求めるのが通常ですが、信頼度99%で求めることもあります。信頼度95%の信頼区間を**95% CI**、信頼度99%の信頼区間を 99% CI といいます。

信頼区間の算出に使用する**誤差 E** は次式によって求められます。

> **計算式**
>
> $$\text{誤差 E} = \text{定数} \times \frac{s}{\sqrt{n}} \quad \leftarrow \text{標準誤差}$$
>
> ※定数：統計学が定めた値、s：標本標準偏差、n：サンプルサイズ

母集団の情報や標本のサンプルサイズで推定の種類を使い分け、適用する種類や信頼度によって定数は異なります。

母平均の推定公式

母平均の推定には、母集団の分布の正規性で以下の2つの推定方法があります。

> **母集団を推定する方法**
>
> ① z 推定
> ② t 推定

z 推定は z 分布（P.104）、t 推定は t 分布（P.115）を適用した推定方法です。

母集団が正規分布の場合は z 分布を使った z 推定、母集団の分布が不明の場合は t 分布を使った t 推定を適用します。

> サンプルサイズが少ない場合、母集団の推定にふさわしくないので、できるだけサンプルサイズを増やしてください。サンプルサイズがどれくらいあればよいかとの統計学的基準はありませんが、一般的に 30 未満を少ないとします

計算式

- z 推定：$m = \bar{x} \pm 1.96 \times \text{SE} = \bar{x} \pm 1.96 \dfrac{s}{\sqrt{n}}$

- t 推定：$m = \bar{x} \pm 棄却限界値 \times \text{SE}$

    $= \bar{x} \pm 棄却限界値 \times \dfrac{s}{\sqrt{n}}$

※ m：母平均、$\bar{x}$：標本平均、SE：標準誤差（P.126 参照）、s：標準偏差
※信頼度は 95％（99％は省略）

t 推定の棄却限界値は以下の Excel 関数を使えば簡単に求めることができます。

Excelメモ

t 推定の棄却限界値を求める方法

=TINV(0.05, f)　※$f = n - 1$

※信頼度 95％（99％は省略）

なお、t 推定の定数は**下表**の通りです。

t 推定の定数

f	10	20	30	40	50	60	70	80	90	100	200	300	400	500
棄却限界値	2.23	2.09	2.04	2.02	2.01	2.00	1.99	1.99	1.99	1.98	1.97	1.97	1.97	1.96

35 母平均 z 推定

【ぼへいきんぜっとすいてい】▶▶▶ 標準正規分布を利用して母平均を推定する方法

それぞれの推定について詳しく説明します。まずは、z 分布を適用した z 推定について問題を解きながら見ていきましょう。

問題

ある県の小学校の生徒数は 10,000 人である。この県の小学生全体のお年玉平均金額を調べるために $n = 900$ の標本調査を行った。
標本平均は 28,000 円、標本標準偏差は 3,000 円であった。
この小学校のお年玉金額の平均値を信頼度 95% で推定せよ。
ただし、母集団のお年玉金額は正規分布に従うものとする。

解答

母集団のお年玉の金額は正規分布に従うので、z 推定を適用します。
$n = 900$、標本平均 $(\bar{x}) = 28{,}000$、標本標準偏差 $(s) = 3{,}000$
z 推定における信頼度 95% の棄却限界値は 1.96

- 母平均 $= 28{,}000 \pm 1.96 \times 3{,}000 \div \sqrt{900}$
  $= 28{,}000 \pm 1.96 \times 100$
- 下限値 $= 28{,}000 - 196 = 27{,}804$
- 上限値 $= 28{,}000 + 196 = 28{,}196$

$$m = \bar{x} \pm 1.96 \times \frac{s}{\sqrt{n}}$$ を適用します

A. 信頼度 95% において、この県の小学生全体のお年玉平均金額は 27,804 〜 28,196 円の間にあるといえる

36 母平均 t 推定

【ぼへいきんてぃーすいてい】▶▶▶ 母集団が正規分布に従うと仮定したときに母平均を推定する方法

次に t 分布を適用した t 推定について、詳しく問題を解きながら見ていきましょう。

問題

ある市に居住する主婦のタンス貯金額を調べるため、$n = 400$ の標本調査を行った。標本平均は 20 万円、標本標準偏差は 10 万円であった。
この市の主婦のタンス貯金額の平均値を信頼度 95% で推定せよ。
ただし、母集団のタンス貯金額が正規分布かどうかは不明であるものとする。

解答

母集団のタンス貯金額は正規分布かどうか不明のため、t 推定を適用します。

$n = 400$、標本平均 ($\bar{x}$) $= 200{,}000$、標本標準偏差 (s) $= 100{,}000$

t 推定における信頼度 95% の棄却限界値は下記の Excel 関数を用いれば簡単に求められます。

Excelメモ

t 推定における信頼度 95% の棄却限界値の求め方

`=TINV(0.05, 400 − 1)` **Enter** $= 1.97$

$m = \bar{x} \pm 棄却限界値 \times \dfrac{s}{\sqrt{n}}$ を適用すると

・母平均 $= 200{,}000 \pm 1.97 \times 100{,}000 \div \sqrt{400}$
　　　　　$= 200{,}000 \pm 1.97 \times 5{,}000$

・下限値 $= 200{,}000 - 9{,}830 = 190{,}170$

・上限値＝ 200,000 ＋ 9,830 ＝ 209,830

A. 信頼度 95％において、この市の主婦のタンス貯金平均金額は 190,170 ～ 209,830 円の間にあるといえる

有限母集団の信頼区間

> 問題
>
> A 社の社員数は 40 人である。社員全員の平均喫煙本数を調べるために標本調査を行った。回答者は 36 人で、喫煙本数の平均は 7 本、標準偏差は 4 本であった。この会社全員 40 人の喫煙本数の平均を信頼度 95％で推定せよ。ただし、母集団の喫煙本数の分布は正規分布に従うものとする。

> 間違い解答
>
> 母集団の喫煙本数は正規分布に従うので z 推定を適用すると
>
> $m = \bar{x} \pm 1.96 \times \dfrac{s}{\sqrt{n}}$
>
> $ = 7 \pm 1.96 \times \dfrac{4}{\sqrt{36}}$
>
> $ = 7 \pm 1.96 \times \dfrac{4}{6}$
>
> $ = 7 \pm 1.31$
>
> よって
>
> ・下限値＝ 7 － 1.31 ＝ 5.69
> ・上限値＝ 7 ＋ 1.31 ＝ 8.31
>
> 「よって、この会社 40 人の喫煙本数の平均は 5.7 本から 8.3 本である」といっ

てしまうと間違いとなります。調査では40人中36人も調べているのに、信頼区間の幅が広すぎるからです。

40人のうちの36人を調査したときと、10万人のうちの36人を調査したときでは、得られた信頼区間の幅は異なるはずです。

そこで、母集団のサイズを信頼区間に反映させます。母集団のサイズ N は、有限の場合と無限の場合に分けて考えることができます。

サイズが10万未満のものを**有限母集団**、10万以上あるいは、計測できないものを**無限母集団**といいます。

母集団 N が10万未満の場合、有限母集団の推定を適用します。

- 無限母集団:「数えられない数の集団」または「数えられたとしても約10万以上の集団」
- 有限母集団:「数えられる集団」で「10万未満の集団」

有限母集団の信頼区間の公式

有限母集団の場合、標本誤差に修正係数を乗じて、標本誤差を小さくできます。

計算式

- 有限母集団修正係数 $= \sqrt{\dfrac{N-n}{N-1}}$

※ N は母集団のサイズ、n はサンプルのサイズ

$$= \bar{x} \pm 定数 \times \frac{s}{\sqrt{n}} \times \sqrt{\frac{N-n}{N-1}}$$

※ $\bar{x}$ =標本平均、s =標本標準偏差
※信頼度は95%(99%は省略)
※定数は、z 推定の場合は1.96、t 推定の場合は棄却限界値

夜の集会は10万匹も集まらないニャ

```
┌─ 前出の問題の正しい解答 ──────────────────────────────┐
│
│  上記の公式に数値を代入すると
```

有限母集団修正係数 $= \sqrt{\dfrac{N-n}{N-1}} = \sqrt{\dfrac{40-36}{40-1}} = \sqrt{\dfrac{4}{39}} = \sqrt{0.103} = 0.32$

$$\bar{x} \pm 1.96 \times \frac{s}{\sqrt{n}} \times \sqrt{\frac{N-n}{N-1}} = 7 \pm 1.96 \times \frac{4}{\sqrt{36}} \times 0.32$$

$$= 7 \pm 1.96 \times \frac{4}{6} \times 0.32 = 7 \pm 0.42$$

下限値 $= 7 - 0.42 = 6.58$

上限値 $= 7 + 0.42 = 7.42$

以上より、この会社の平均喫煙本数は、信頼度 95％ で 6.6 ～ 7.4 本である。

A. 6.6 ～ 7.4 本（信頼度 95％）

有限母集団の信頼区間に関する留意点

　有限母集団修正係数を乗じることによって、信頼区間の幅が狭くなり、推定の精度が良くなります。

　もし 40 人全員を調べていれば、$n = 40$ で、修正係数の値は下記の計算式より 0 となります。

$$\sqrt{\frac{N-n}{N-1}} = \sqrt{\frac{40-40}{40-1}} = \sqrt{\frac{0}{39}} = 0$$

　この場合、平均喫煙本数は $7 \pm 0 = 7$ 本となります。

　逆にこの会社が社員 100,000 人の巨大企業で $n = 40$ 人だけ調査したとしたら、修正係数の値は下記の通り 1 の近似値となります。

$$\sqrt{\frac{N-n}{N-1}} = \sqrt{\frac{100,000-40}{100,000-1}} = \sqrt{\frac{99,960}{99,999}} \fallingdotseq 1$$

　つまり、サイズが大きい場合は無限母集団と同じ扱いになります。

37 母比率の推定（z推定）

【ぼひりつのすいてい】 ▶▶▶ 母集団の割合を信頼区間をもたせて推定する方法
使える場面 ▶▶▶▶▶▶▶▶▶▶ 内閣の支持率を信頼区間をもって推定したいときなど

たとえば、「内閣支持率は47～53%の間にある」というように、母集団の割合を幅をもたせて推定する方法を **母比率の推定** といいます。

母比率の推定には、サンプルサイズ（n）によって下記の2つの方法があります。

> **母比率の推定の2種類**
> ・z推定：n数が30以上の場合に使用
> ・F推定：n数が30未満の場合に使用
>
> ※ F推定の説明は本書では割愛します

> **計算式**
> $$P = \bar{p} \pm 1.96 \times SE = \bar{p} \pm 1.96 \times \frac{s}{\sqrt{n}}$$
> $$= \bar{p} \pm 1.96 \times \sqrt{\frac{\bar{p}(1-\bar{p})}{n}}$$
>
> ※ P：母比率、$\bar{p}$：標本比率、SE：標準誤差、s：標準偏差

$\sqrt{\bar{p}(1-\bar{p})}$ は割合 (1,0) データの標準偏差です (P.31)

07 統計的推定──一部から全体を推測する②

143

> **問題**
>
> 東京都に居住する有権者の内閣支持率を調べるために $n = 400$ の標本調査を行った。
> その結果、内閣を支持する人の割合は 30％（0.3）であった。
> 信頼度 95％で、東京都に居住する有権者の内閣支持率を推計せよ。

> **解答**
>
> $n = 400$、$\bar{p} = 30\% = 0.3$ を前出の計算式に代入すると
>
> $$0.3 \pm 1.96 \times \sqrt{\frac{0.3(1-0.3)}{400}} = 0.3 \pm 0.045$$
>
> ゆえに、
> 下限値＝ 0.3 － 0.045 ＝ 0.255
> 上限値＝ 0.3 ＋ 0.045 ＝ 0.345
>
> **A. 信頼度 95％で、東京都に居住する有権者の内閣支持率は 25.5 ～ 34.5％の間であるといえる**

Chapter

統計的検定

仮説の精度を検証する

主張したいことは TPO に合わせて

統計的検定

Statistical testing

【とうけいてきけんてい】▶▶▶ 母集団に関する仮説を標本調査から得た情報に基づいて検証すること

　統計的検定とは、母集団に関する仮説を標本調査から得た情報に基づいて検証することで、仮説検定（Hypothesis test）とも呼ばれています。

　薬剤の効果を調べる場合、その薬を必要とするすべての人に薬剤を投与してみれば効果はわかりますが、それは不可能です。そのため臨床研究では、一部の人に薬を投与して、そこで得られたデータが世の中の多くの人たちにも通じるかを検証します。

　具体的には、「解熱剤である新薬は母集団において解熱効果がある」という仮説を立て、統計的手法を用いてこの仮説が正しいかを確認します。

　母集団の統計量には、平均、割合、分散など各種ありますが、調べたい母集団の統計量によって統計的検定が異なります。

よく使われる統計的検定

・母平均の差の検定
・母比率の差の検定
・母分散の比の検定
・母相関係数の無相関検定

146

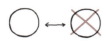

Null hypothesis
帰無仮説

【きむかせつ】▶▶▶ 主張したいこととは逆の仮説のこと

統計的検定で最初にすることは、「主張したいこと」と「帰無仮説」を立てることです。母平均の差の検定の例で説明します。

「AとBの母平均は異なる」ということを主張したい場合、統計学ではそれとは逆の「**AとBの母平均は等しい**」という仮説を立てます。この仮説を**帰無仮説**といいます。

たとえば、小学生のお年玉金額平均値は男子と女子で異なることを主張したい場合は以下のように帰無仮説を立てます。

「主張したいこと」を、統計学では「対立仮説 (Alternative hypothesis)」といいますが、この第8章では、「主張したいこと」という用語を用いて説明します

p 値
p value

【ぴーち】 ▶▶▶ 帰無仮説が偶然に成立してしまう確率
使える場面 ▶▶ 企画 a、b の売り上げに差があること（異なること）を証明したいときなど

　p 値とは帰無仮説が偶然に成立してしまう確率（Probability）です。p 値がたとえば 0.01 というのは、帰無仮説が偶然生じることが 100 回に 1 回（1％）あることを意味します。すなわち、帰無仮説「A と B の母平均は等しい」が偶然生じる確率は 1％であるといえます。言い換えれば、主張したいこと「A と B の母平均は異なる」という判断を間違える確率は 1％だということになります。

　p 値は、母集団について主張したいことが成立するかを判断するときの間違える確率といえます。

気まずい洋服かぶり

p 値が小さいほど、帰無仮説が滅多に起きないと判断できます

有意水準（Significance level）

有意水準は、統計的検定において、帰無仮説を設定したときにその帰無仮説を棄却するかしないかの基準となる確率のことです。有意水準はデータを取る前に決めておきます。0.05（5％）や0.01（1％）といった値がよく使われます。5％や1％で起きることは滅多に起きない、非常に珍しいことだといえるからです。

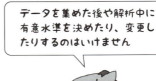

データを集めた後や解析中に有意水準を決めたり、変更したりするのはいけません

p 値と有意水準の比較、有意差判定（Significant difference judgment）

p 値が、あらかじめ定めておいた「有意水準」より小さければ、帰無仮説は棄却され主張したいことは成立します。裏返せば、主張したいこと「AとBの母平均は異なる」を間違える確率は有意水準より小さいため、正しいと判断します。

p 値＝ 0.02、有意水準＝ 0.05 とすると、主張したいことを間違える確率は2％で有意水準5％より小さく、「AとBの母平均は異なる」は正しいといえます。

逆に p 値が「有意水準」より大きければ、帰無仮説は棄却できず主張したいことは成立しません。つまり、主張したいこと「AとBの母平均は異なる」を間違える確率は有意水準より大きく、帰無仮説とどちらが正しいかは判断できません。

p 値と有意水準の比較で、「正しい／正しいといえない」と判定することを**有意差判定**といいます。

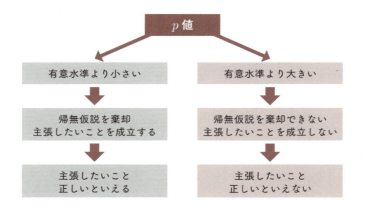

帰無仮説が正しいのにもかかわらず、帰無仮説を棄却してしまうことを「第一種の過誤」、主張したいことが正しいのにもかかわらず、帰無仮説を棄却しないことを「第二種の過誤」と呼びます

n.s（Not significant）あるいは $p > 0.05$

　検定結果の表記に「$p < 0.05$」があります。「$p < 0.05$」は「母集団について主張したいことを間違える確率が5%未満である」を意味します。このことを「有意差がある／有意である」といいます。

　p 値が有意水準より大きい場合は「有意差があるといえない」といいます。この場合、$p > 0.05$ とせず、「n.s」または「ns」と記載します。

　n.s の場合、主張したいこと「A と B の母平均は異なる」といえない判断になりますが、「A と B の母平均は等しい」といってはいけません。統計学的には「A と B の母平均には有意差が認められなかった」ということです。

　$n = 25$ の標本調査において、A と B の母平均は期待している差が見られましたが、「$p = 0.06$」で有意差がありませんでした。このような場合、サンプルサイズが小さくて有意差はわからなかったと解釈します。

一度棄却してしまったら、その仮説を再び考えることはしません。だから慎重に棄却します

両側検定（Two-sided test）と片側検定（Single tail test）

統計的検定で最初にすることは「主張したいこと」と「帰無仮説」の2つを立てることでした。

主張したい仮説は次の3つが考えられます。

> ①母平均Aと母平均Bは異なる
> ②母平均Aは母平均Bより高い
> ③母平均Aは母平均Bより低い

例を挙げると以下のようになります。

> ①母集団のお年玉金額平均値は男子と女子で異なる
> ②母集団のお年玉金額平均値は男子が女子より高い
> ③母集団のお年玉金額平均値は男子が女子より低い

①の場合、"異なる"というのは、お年玉金額平均値は男子と女子どちらが高いか低いかはわかりませんが、いずれにしても"異なる"という意味です。この仮説のもとでの検定を、**両側検定**といいます。

②の"母集団のお年玉金額平均値は男子が女子より高い"あるいは③の"母集団のお年玉金額平均値は男子が女子より低い"という仮説のもとでの検定を、**片側検定**といいます。

②の"母集団のお年玉金額平均値は男子が女子より高い"という仮説のもとでの検定を、特に**右側検定**（上側検定）といいます。

③の"母集団のお年玉金額平均値は男子が女子より低い"という仮説のもとでの検定を、特に**左側検定**（下側検定）といいます。

両側検定

α：有意水準

$\dfrac{\alpha}{2}$　　　　$\dfrac{\alpha}{2}$

0

棄却域を両側の分布に設定します。有意水準5%であれば、左側の棄却域は2.5%の範囲、右側の棄却域は2.5%の範囲となり、合わせて5%です

右側検定

α

0

左側検定

棄却域を分布の片側に設定します。小さいほうに設定する場合もあれば、大きいほうに設定する場合もあります。
有意水準5%であれば、片側だけの棄却域で5%の範囲となります

α

0

　片側検定のほうが両側検定より有意差が出やすいのですが、有意差が出やすいという理由だけで片側検定を使うのは良くありません。特に理由がない限り、片側検定は使いません。
　「お年玉金額の平均値は、男子は女子より高い」と信じることは悪いことではありませんが、調査をするまでは男子が女子より高いという情報がないのが通常です。したがって、「お年玉金額の平均値は、男子は女子より高い」という片側検定は望ましくありません。

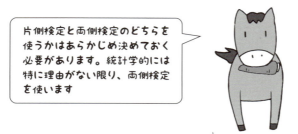

片側検定と両側検定のどちらを使うかはあらかじめ決めておく必要があります。統計学的には特に理由がない限り、両側検定を使います

統計的検定の仕方

「Ａ群とＢ群の２群の母平均は異なる」の仮説を検証する「母平均の差の検定」で、検定方法を以下の手順で解説します。

1. 主張したいことと帰無仮説を立てる
2. 基本統計量を算出する
3. 検定統計量を算出する
4. p値を算出する
5. 有意差判定を行う

1. 主張したいことと帰無仮説を立てる

①主張したいこと：「ＡとＢの２群の母平均は異なる」

②逆の仮説である帰無仮説は必然的に決まる

→帰無仮説：「ＡとＢの２群の母平均は等しい」

③主張したいことから両側検定か片側検定かを決める

→このテーマの主張したいことは「ＡとＢの２群の母平均は異なる」であるため、両側検定を適用する

2. 基本統計量を算出する

調査データより、平均値と標準偏差を求めます（**下表**）。

２群	サンプルサイズ	標本平均	標本標準偏差
A	n_1	x_1	s_1
B	n_2	x_2	s_2

3. 検定統計量を算出する

基本統計量をもとに、公式を使って検定統計量を算出します。２群の母平均の差に関する検定のため、検定統計量は次の式で求められます。

> 計算式
> 検定統計量 $= \dfrac{x_1 - x_2}{\text{標準誤差 SE}}$

> 検定統計量の算出の公式は、利用する検定によって変わります。ここで紹介をした公式は、2群の母平均の値を検定する際に利用されるものです

次に検定統計量の分布を調べます。

母平均の差の検定における検定統計量は次の通りです。

- **母集団が正規分布の場合**
  → 検定統計量は帰無仮説のもとに z 分布（P.104）になる
  ※ z 分布を適用する検定を z 検定という

- **母集団の正規性が不明の場合**
  → 検定統計量は帰無仮説のもとに t 分布（P.115）になる
  ※ t 分布を適用する検定を t 検定という

　帰無仮説「AとBの2群の母平均は等しい」という仮説のもとで多数回の標本調査を行い、検定統計量を求めたとします。検定統計量の度数分布を作成すると、その分布は z 分布あるいは t 分布となります。

4. p 値を算出する

　p 値は z 分布あるいは t 分布において、検定統計量の上側確率（あるいは下側確率）で求められます。

　確率から p 値が求められます。

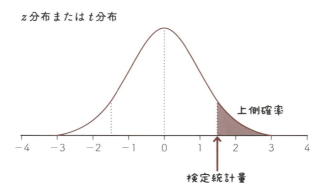

- 両側検定 ⇒ p 値は検定統計量の上側確率の2倍
- 片側検定（右側検定）⇒ p 値は検定統計量の上側確率
- 片側検定（左側検定）⇒ p 値は検定統計量の下側確率

5. 有意差判定を行う

- p 値＜有意水準の場合
  - →「帰無仮説を棄却」し、「主張したいこと（対立仮説）を採択」
  - →有意差があるといえる
- p 値≧有意水準の場合
  - →「帰無仮説を棄却できず」、「主張したいこと（対立仮設）を採択できない」
  - →主張したいことの判定を保留する＝有意差があるかわからない
  - ※「有意差があるといえない」といういい方をしてもよい

以上より、有意水準は 0.05 または 0.01 を適用する。

p値 < 0.01	[**]	判断が誤る確率は1%未満
0.01 ≦ p値 < 0.05	[*]	判断が誤る確率は1%〜5%未満
p値 ≧ 0.05	[ ]	判断が誤る確率は5%以上

検定方法については次章で問題を解きながら詳しく解説します。

そろそろ上級編だニャ

Chapter 09

平均値に関する検定

進学塾の夏は熱い！

39 母平均の差 z 検定

z test

【ぼへいきんのさぜっとけんてい】
▶▶▶ 2 群の母集団が正規分布の場合に用いる検定方法で、両群の母平均が異なることを明らかにする

母集団について「A 群と B 群の 2 群の母平均は異なる」ことを明らかにする検定方法には 2 種類があり、z 分布（P.104）で行う「z 検定」と t 分布（P.115）で行う「t 検定」があることは第 8 章で説明しました。

本章では、それぞれの検定について詳しく解説します。

まずは、z 分布で行う z 検定について解説します。ただし z 検定は、**2 群の母集団が正規分布である、または母標準偏差がわかっている場合に適用します**。

問題を解きながら、使い方の手順を見ていきましょう。

> **問題**
>
> 日本全国にあるコンビニ会社 A から 50 店舗、コンビニ会社 B から 40 店舗を無作為に抽出し、日販（1 日あたりの平均販売額）を調べたところ**下表**のデータが得られた。
> 日本全国において、コンビニ会社 A の日販はコンビニ会社 B の日販と異なるといえるかを求めよ。
> ただし、日販は正規分布であるものとする。

コンビニ会社	サンプルサイズ	標本平均	標本標準偏差
A	n_1	$\bar{x}_1$	s_1
B	n_2	$\bar{x}_2$	s_2

コンビニ会社	サンプルサイズ	標本平均	標本標準偏差
A	50	48 万円	10 万円
B	40	52 万円	9 万円

解 答

以下の手順で求めます。

① 仮説を立てる

まず、帰無仮説と対立仮説を考えます。「対立仮説」とは、第8章でいうところの「主張したい」ことです。

・帰無仮説：母集団のAコンビニ会社の日販とBコンビニ会社の日販は同じ
・対立仮説：母集団のAコンビニ会社の日販はBコンビニ会社の日販と異なる

これより**両側検定**を適用します。

② 検定統計量を算出

検定統計量は以下の式で求められます。

計算式

$$検定統計量 = \frac{x_1 - x_2}{標準誤差} = \frac{x_1 - x_2}{\sqrt{\dfrac{s_1^2}{n_1} + \dfrac{s_2^2}{n_2}}}$$

※ $(x_1 - x_2)$ がマイナスの場合、プラスの値に変換する
※母標準偏差がわかっている場合は、s を v（母標準偏差）とする

よって、

$$検定統計量 = \frac{|48 - 52|}{\sqrt{\dfrac{10^2}{50} + \dfrac{9^2}{40}}} = \frac{4}{\sqrt{2 + 2.025}} = \frac{4}{2.006} = 1.99$$

③ z 検定、t 検定を判定

母集団は z 分布（標準正規分布）であるため、z 検定を適用します。

④ p 値を算出

対立仮説「A は B と異なる」の両側検定をします。両側検定＝「A は B より大きい」の右側検定と「A は B より小さい」の左側検定の両方を同時に行うこと、です。なお、**両側検定**の p 値は検定統計量の**上側確率**の 2 倍です。

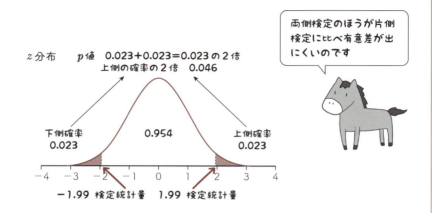

両側検定のほうが片側検定に比べ有意差が出にくいのです

z 分布の**両側検定**の p 値は以下の Excel の関数で簡単に求められます。

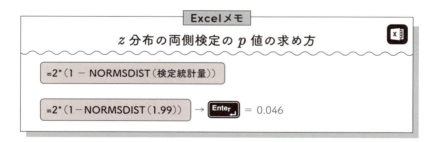

⑤ 有意差を判定

p 値＝ 0.046 ＜有意水準 0.05

よって、帰無仮説は棄却でき、対立仮説を採択できます。

ゆえに、コンビニ会社 A の日販はコンビニ会社 B の日販と異なるといえます。

A. 異なるといえる

40 t 検定
t test

【てぃーけんてい】 ▶▶▶ 母平均に関する検定

使える場面 ▶▶▶▶▶▶▶ 男性社員と女性社員のボーナスの平均額に差があるかを調べたいとき（ただし、両群の標準偏差が等しいことはわかっている場合）など

t 分布で行う t 検定は、2群の母集団の分布の正規性が不明の場合に適用します。

t 検定には、**t 検定とウェルチの t 検定**があります。

2つの検定の使い分けは、標本調査2群の基本統計量を使用し、母標準偏差を求めて、2群の母標準偏差が等しいかどうかで標準誤差 SE の求め方が異なります。

まずは、2群の母標準偏差が等しい場合の t 検定を説明します。

問題

下記はある小学校のお年玉の金額を調べた結果である。

この小学校の男子と女子では金額の平均に違いはあるかを求めよ。

ただし、金額は正規分布かどうかはわからず、母集団における男子と女子の標準偏差は等しいことがわかっている。

2群	サンプルサイズ	標本平均	標本標準偏差
A	n_1	$\bar{x}_1$	s_1
B	n_2	$\bar{x}_2$	s_2

性別	サンプルサイズ	標本平均	標本標準偏差
男子	100	29,300 円	15,300 円
女子	90	25,000 円	13,200 円

| 解答 |

以下の手順で求められます。

① 帰無仮説と対立仮説を立て、両側検定か片側検定の判定

・帰無仮説：お年玉金額の母平均は、男子と女子は同じ

・対立仮説：お年玉金額の母平均は、男子と女子は異なる

これより**両側検定**を適用します。

② 検定統計量を算出

> **計算式**
>
> $$\text{検定統計量} = \frac{x_1 - x_2}{\text{標準誤差}} = \frac{x_1 - x_2}{\sqrt{\dfrac{s^2}{n_1} + \dfrac{s^2}{n_2}}}$$

母集団における男子と女子の標準偏差は等しいことがわかっているため、「男子標本分散と女子標本分散も等しい」とします。

標本分散 s^2 は下記の式（$s_1{}^2$ と $s_2{}^2$ の加重平均）によって求められます。

$$s^2 = \frac{(n_1 - 1) s_1{}^2 + (n_2 - 1) s_2{}^2}{n_1 + n_2 - 2}$$

よって、

$$s^2 = \frac{99 \times (15{,}300)^2 + 89 \times (13{,}200)^2}{100 + 90 - 2} = 205{,}756{,}755$$

これより、

$$\text{検定統計量} = \frac{29{,}300 - 25{,}000}{\sqrt{\dfrac{205{,}756{,}755}{100} + \dfrac{205{,}756{,}755}{90}}}$$

$$= \frac{4{,}300}{2{,}084}$$

$$= 2.06$$

③ z 検定、t 検定を判定

母集団が正規分布かどうかわからなく、母標準偏差が等しいため t 検定を適用します。

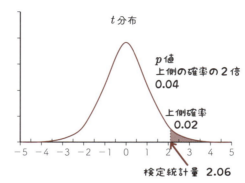

④ p 値を算出

t 検定の両側検定の p 値は t 分布における検定統計量の上側確率の 2 倍です。
t 分布の p 値は下記の Excel の関数で簡単に求められます。

⑤ 有意差を判定

p 値 = 0.04 ＜有意水準 0.05

よって、帰無仮説は棄却でき、対立仮説を採択できます。

以上より、お年玉の金額は男子と女子で異なるといえます。

A. 異なるといえる

41 Welch t test
ウェルチの t 検定

【うぇるちのてぃーけんてい】▶▶▶ 2群の母集団の分布の正規性が不明で、2群の母標準偏差が等しくない場合の検定法

使える場面 ▶▶▶▶▶ 男性社員と女性社員のボーナスの平均額に差があるかを調べたいとき（ただし、標準偏差が等しくないことはわかっている場合）など

ウェルチの検定とは、2群の母集団の分布の正規性が不明で、2群の母標準偏差が等しくない場合の検定法です。

問題を解きながら使い方を見ていきましょう。

問題

下記はある小学校のお年玉の金額を調べた結果である。
この小学校の男子と女子ではお年玉金額の平均に違いがあるといえるかを求めよ。
ただし、金額は正規分布かどうかわからず、母集団における男子と女子の標準偏差は異なるものとする。

2群	サンプルサイズ	標本平均	標本標準偏差
A	n_1	$\bar{x}_1$	s_1
B	n_2	$\bar{x}_2$	s_2

性別	サンプルサイズ	標本平均	標本標準偏差
男子	100	29,300円	15,300円
女子	90	25,000円	13,200円

解答

以下の手順で求められます。

① 帰無仮説と対立仮説を立て、両側検定か片側検定を判定

・帰無仮説：お年玉金額の母平均は、男子と女子は同じ
・対立仮説：お年玉金額の母平均は、男子と女子は異なる
これより**両側検定**を適用します。

② 検定統計量を算出

> **計算式**
> $$\text{検定統計量} = \frac{x_1 - x_2}{\text{標準誤差}} = \frac{x_1 - x_2}{\sqrt{\dfrac{s_1{}^2}{n_1} + \dfrac{s_2{}^2}{n_2}}}$$

よって、

$$\text{検定統計量} = \frac{29{,}300 - 25{,}000}{\sqrt{\dfrac{(15{,}300)^2}{100} + \dfrac{(13{,}200)^2}{90}}}$$

$$= \frac{4300}{\sqrt{1{,}340{,}900 + 1{,}936{,}000}}$$

$$= \frac{4{,}300}{2{,}068} = 2.08$$

③ z 検定、t 検定を判定

母集団が正規分布かどうかわからず、母標準偏差が等しくないためウェルチの t 検定を適用します。

④ p 値を算出

ウェルチの t 検定の両側検定の p 値は t 分布における検定統計量の上側確率の 2 倍です。

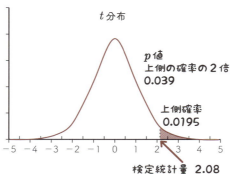

t 分布の p 値は Excel の関数を使えば、簡単に求められます。

Excel メモ

t 分布の p 値の求め方

=TDIST（検定統計量 , 自由度 ,2）

※1 は片側検定、2 は両側検定

=TDIST（2.08,188,2） → Enter = 0.039

※ウェルチの t 検定の自由度 f は次式によって求める

$$f = \left(\frac{s_1^2}{n_1} + \frac{s_2^2}{n_2}\right)^2 \div \left(\frac{s_1^4}{n_1^2(n_1-1)} + \frac{s_2^4}{n_2^2(n_2-1)}\right)$$

$f = 188$

---

⑤ 有意差を判定

p 値 = 0.039 ＜ 有意水準 0.05

よって、帰無仮説は棄却でき、対立仮説を採択できます。

以上より、お年玉金額は、男子と女子は異なるといえます。

A. 異なるといえる

「対応のない」「対応のある」とは

　2 群間のデータの比較において、たとえば、健康群と患者群は異なる集団の比較です。それに対して、患者群において薬剤投与前後の体温の比較は同じ患者（同じ集団）の比較です。

> 次に示す 2 例のデータはどちらにあたるでしょうか？

「健康群と患者群」のように異なる集団の比較を対応のないデータの比較、「患者群」同士のように同じ集団の比較を対応のあるデータの比較といいます。

【例1】
喫煙者に1日におよそ何本タバコを吸うかを尋ねたところ男性の平均は13本、女性は7本であった。
調査結果から母集団における喫煙本数の平均が男性と女性で異なるかを明らかにしたい。

この場合、比較する集団は「男性」と「女性」であるため、対応のないデータといいます。

男性と女性 ➡ 別の集団同士の比較→対応のないデータ

【例2】
製薬会社が解熱剤を開発した。その新薬Yの解熱効果を明らかにするために10人の患者を対象に、薬剤の投与前と投与後の体温を調べた。体温平均値は、投与前が38.0℃、投与後が36.7℃であった。母集団において体温平均値は投与前と投与後で異なるかを明らかにしたい。

この場合、調査の対象は同じ10人であるため、対応のあるデータといいます。

同じ対象者 ➡ 同じ集団同士の比較→対応のあるデータ

42 対応のある t 検定

【たいおうのあるてぃーけんてい】▶▶▶ 差分データの平均と標準偏差に関する検定手法

使える場面 ▶▶▶▶▶▶▶▶▶▶▶▶▶▶ 進学塾の夏休み前後のテストの平均点が異なるかを知りたいときなど

母平均の差 z 検定〜ウェルチの t 検定（P.158〜167）では、対応のないデータでの検定方法を説明しました。ここでは対応のあるデータでの検定方法を説明します。

対応のある t 検定は差分データの平均と標準偏差（下表）について検討するための統計手法です。

No	A	B	差分
1	a_1	b_1	$a_1 - b_1$
2	a_2	b_2	$a_2 - b_2$
3	a_3	b_3	$a_3 - b_3$
⋮	⋮	⋮	⋮
n	a_n	b_n	$a_n - b_n$
平均	$\bar{x}_1$	$\bar{x}_2$	$\bar{x}$
標準偏差			s

対応のある場合の t 検定は、サンプルサイズが大きい場合は母集団における差分データの分布が正規分布でなくても適用できます。サンプルサイズが小さい場合、母集団の検定にふさわしくないので、できるだけサンプルサイズを増やしてください。

サンプルサイズがどれくらいあればよいかとの統計学的基準はありませんが、一般的に30未満を少ないとします

問 題

製薬会社が解熱剤の新薬 Y を開発した。その解熱効果を明らかにするため、50人の患者を対象に投与前と投与後の体温を調べた。

母集団において、体温平均値が投与前と投与後で異なるかを求めよ。

	投与前体温	投与後体温	差分データ
No1	37.6	37.0	0.6
No2	37.3	37.2	0.1
No3	36.5	35.2	1.3
No4	38.8	37.8	1.0
⋮	⋮	⋮	⋮
No48	38.1	36.4	1.7
No49	37.3	36.0	1.3
No50	37.0	36.0	1.0
		平均	0.734
		標準偏差	0.691

09

平均値に関する検定 —— 平均値に関する検定

解 答

以下の手順で求めることができます。

① 帰無仮説と対立仮説を立て、両側検定か片側検定を判定

・帰無仮説：体温の母平均は投与前と投与後は同じ

・対立仮説：体温の母平均は投与前と投与後は異なる

これより**両側検定**を適用します。

② 検定統計量を算出

$$検定統計量 = \frac{差分データの平均値}{標準誤差\ SE} = \frac{\bar{x}}{\dfrac{s}{\sqrt{n}}}$$

※ $\bar{x}$ がマイナスの場合、プラスの値に変換

169

よって、

$$検定統計量 = \frac{0.734}{\frac{0.691}{\sqrt{50}}}$$

$$= \frac{0.734}{0.0977}$$

$$= 7.51$$

② p 値を算出

対応のある t 検定の両側検定の p 値は t 分布における検定統計量の上側確率の 2 倍です。

t 分布の p 値は以下の Excel の関数で簡単に求められます。

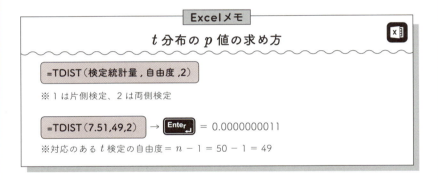

③ 有意差を判定

p 値 = 0.0000000011 ＜ 有意水準 0.05

よって、帰無仮説は棄却でき、対立仮説を採択できます。

以上より、体温平均値は投与前と投与後は異なるといえます。

A. 異なるといえる

43 母平均差分の信頼区間
Confidence interval for the mean difference

【ぼへいきんさぶんのしんらいくかん】▶▶▶ 標本平均の差分に幅をもたせて推計する際の幅のこと

2つの母平均の差分を推測するために、標本調査を行い2群の標本平均の差分を算出してきました。

標本調査によって求められた標本平均の差分には大きい値もあれば小さい値もあるため、**標本平均の差分が母集団の差分であると言い切るのは危険です**。

そこで標本平均の差分に幅をもたせて推計します。

この幅を**母平均差分の信頼区間**といいます。

信頼区間は標準誤差 SE（P.126）を使って算出します。

> 計算式
>
> 信頼区間 = $(\bar{x}_1 - \bar{x}_2) \pm$ 棄却限界値 × 標準誤差
> または、信頼区間 = $\bar{x} \pm$ 棄却限界値 × 標準誤差

標準誤差 SE の算出方法は、母平均の差の検定同様に母集団の情報で異なります。それぞれの標準誤差の算出方法は、下記のページを参照してください。

※ z 検定 → P.158
対応のない t 検定 → P.161
ウェルチの t 検定 → P.164
対応のある t 検定 → P.168

棄却限界値は、有意水準や母集団の正規性によって異なります

z検定の棄却限界値

下記の通りです。いずれも、n の大小に関係なく決まる値です。

- 信頼度95% → 1.96
- 信頼度99% → 2.58

t検定の棄却限界値

以下のExcel関数から求めることができます。

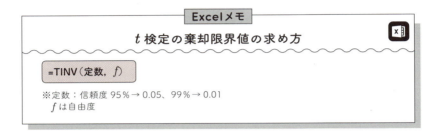

信頼区間を適用しての有意差検定

以下のように、信頼区間を使って有意差判定をすることができます。

- 信頼区間が0をまたがらない（上限値と下限値の符号が同じ）
 → **比較する2群の平均値は異なる**（→下図のケース1）

- 信頼区間が0をまたがる（上限値と下限値の符号が異なる）
 → **比較する2群の平均値は異なるといえない**
 （→下図のケース2）

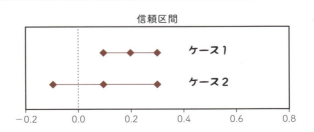

問題

ある小学校のお年玉の金額が男子と女子で異なるかを把握するために、男子の得点平均値から女子の得点平均値を引いた平均値差分について検討した。

男子の平均は 32,430 円、女子の平均は 25,356 円で平均値差分は 7,074 円であった。

この小学校全生徒の平均値差分の取りうる範囲を信頼度 95% で調べよ。

ただし、金額は正規分布かどうかわからず、母集団における男子と女子の標準偏差は等しいものとする。

	お年玉金額			
	男子		女子	
n	n_1	100	n_2	104
平均値	$\bar{x}_1$	32,430 円	$\bar{x}_2$	25,356 円
標準偏差	s_1	24,663 円	s_2	21,171 円

→平均値差分 = 32,430 − 25,356 = 7,074

解答

男性と女性であるため、対応のないデータです。
また、母集団の正規分布が不明、母標準偏差は等しいので t 検定を適用します。

自由度 $f = n_1 + n_2 - 2 = 100 + 104 - 2 = 202$

また、棄却限界値は 1.97 です（Excel 関数 =TINV（0.05,202） より算出）。
標本分散 s^2 は、下記の式（s_1^2 と s_2^2 の加重平均）によって求められます。

$$s^2 = \frac{(n_1 - 1) s_1^2 + (n_2 - 1) s_2^2}{n_1 + n_2 - 2}$$

上記の式に数値を代入すると

$$s^2 = \frac{99 \times (24,663)^2 + 103 \times (21,171)^2}{100 + 104 - 2} = 526,652,728$$

信頼区間は下記の式から求めることができます。

$$信頼区間 = (\bar{x}_1 - \bar{x}_2) \pm 棄却限界値 \times \sqrt{\frac{s^2}{n_1} + \frac{s^2}{n_2}}$$

数値を代入すると

$$信頼区間 = (32,430 - 25,356) \pm 1.97 \times \sqrt{\frac{526,652,728}{100} + \frac{526,652,728}{104}}$$

$$= 7,074 \pm 1.97 \times 3,214$$
$$= 7,074 \pm 6,338$$

7,074 ± 6,338 を図表にすると、下記の通りです。

信頼区間		
平均値差分	下限値	上限値
7,074 円	736 円	13,412 円

平均値差分の信頼区間

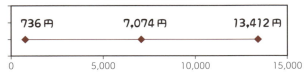

以上より、この学校全生徒の平均値差分の取りうる範囲、信頼区間は 736 〜 13,412 円であることがわかりました。

A. 736 〜 13,412 円

信頼区間を使えば、有意差判定をすることができる

- **信頼区間が0をまたがらない**
  (上限値と下限値の符号がどちらもプラス（+）で同じ)
- **→比較する2群の平均値は異なる**

上記の問題の解答は0をまたがらないので、お年玉金額の男子と女子は異なるといえます

「p 値 ≧ 0.05 であるから 2 群の平均は同等」とはいえない

問題

解熱剤である新薬 Y と既存薬 X を割り付けた研究において、薬剤投与前後の低下体温平均値を調べた。研究 1 の n 数は 35、研究 2 の n 数は 350 である。

研究 1

	新薬 Y 低下体温	既存薬 X 低下体温	
n 数	15	20	計 35
標本平均	1.000	0.980	
標本標準偏差	0.576	0.527	

研究 2

	新薬 Y 低下体温	既存薬 X 低下体温	
n 数	150	200	計 350
標本平均	1.000	0.980	
標本標準偏差	0.576	0.527	

上記の 2 つの研究について、対応のない t 検定を行った。

・帰無仮説：新薬 Y の低下体温母平均は既存薬 X と同等である。

・対立仮説：新薬 Y の低下体温母平均は既存薬 X と違いがある。

研究 1	
棄却限界値	2.03
標準誤差	0.187
t 値	0.107
p 値	0.916

研究 2	
棄却限界値	1.97
標準誤差	0.059
t 値	0.338
p 値	0.736

上記の検定結果の研究 1、研究 2 どちらも p 値 ≧ 0.05 であることがわかり、帰無仮説を棄却できず、主張したいことは成立しなかった。

この解析結果として、下記 1 と 2 のどちらが正しいか答えよ。

1. 新薬 Y の低下体温母平均は既存薬 X と同等である

2. 新薬 Y の低下体温母平均が既存薬 X と違いがあるとはいえない

> **解 答**

正解は 2 です。

p 値は、「違いがあるとは言えない」ということは証明できても「同等である」ということを証明することはできないためです。

研究 1、研究 2 どちらも p 値は 0.05 を超え、帰無仮説が棄却できず主張したい対立仮説が成立しませんでした。帰無仮説が棄却できないからといって、帰無仮説が正しいことが成立したわけではありません。すなわち、帰無仮説の「同等である」という判断ができません。このことから、**同等性を示すために p 値を用いることは禁じられています。**

A. 2

同等性試験とは

2 群が同等であることを調べる方法に**同等性試験（Equivalence Trials）**という手法があります。

同等性の解析には、p 値ではなく「母平均差分の信頼区間」を用います。

P.175 の問題の母平均差分の信頼区間を求めると**下表**のようになりました。

研究 1

	信頼区間
下限値	− 0.36
標本平均差分	0.02
上限値	0.40

研究 2

	信頼区間
下限値	− 0.10
標本平均差分	0.02
上限値	0.14

研究 1

信頼区間は ［− 0.36 〜 0.40］ です。つまり同様の研究が繰り返された場合、新薬の低下体温が既存薬の低下体温よりも 0.40℃ も高くなることもあれば，その逆で新薬の低下体温が既存薬の低下体温より 0.36℃ 低くなることもあると解釈できます。

差が 0.40℃ となれば 0℃ から大きく乖離し同等性をいうことはできないのは明らかです。

> 研究2

　信頼区間は［− 0.10 〜 0.14］です。研究1に比べ信頼区間の幅が狭いですね。この幅の狭さは0に近い値であるため、臨床的に同等だと判断します。

　ただし、この**判断の基準になる「このくらいであれば許容できる」という同等性の許容範囲は、研究を始める前に決め、研究計画書に記載しておくことが義務付けられています。**

　許容範囲を**同等性マージン（Equivalence margin）**といいます。

　この研究1、研究2では同等性マージンを「− 0.2 〜 0.2」としていました。

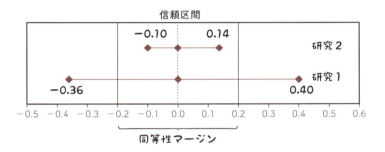

研究2は同等性マージンの範囲に入っているので「同等性がある」といえます

Chapter 10
割合に関する検定

マクネマー検定が時代の変化を解き明かす

母比率の差の検定の種類

【ぼひりつのさのけんていのしゅるい】
▶▶▶ 2つの母集団の割合に差があるかを調べる方法のこと

　母比率の差の検定は、2つの母集団の割合に差があるかを調べる方法です。
　検定方法は割合の求め方によって異なります。割合の求め方は4タイプあり検定公式もそれぞれに対応して4つあります。
　では、具体例でその4タイプを見ていきましょう。

具体例

下表のデータを用いて検定方法をタイプ別に分けてみます。なお、データは10人の対象者に、商品Aと商品Bそれぞれの保有の有無、性別についてアンケートを取った結果です。

回答者No	商品A	商品B	性別
1	○	○	男性
2	○	×	男性
3	○	×	男性
4	×	×	男性
5	×	×	男性
6	○	○	女性
7	○	×	女性
8	×	×	女性
9	×	○	女性
10	×	○	女性

○は保有、×は非保有

タイプ別 検定方法

▶▶▶ **タイプ①** 対応のない場合の検定

商品 A を保有している 5 人の「男性」と「女性」の割合の比較

異なる集団を比較 ➡ 検定方法：z 検定

▶▶▶ **タイプ②** 対応のある場合の検定

回答者 10 人の「商品 A」と「商品 B」の保有率の比較

同じ対象者を比較 ➡ 検定方法：マクネマー検定

▶▶▶ **タイプ③** 従属関係にある場合の検定

回答者 10 人の商品 A の「保有率」と「非保有率」の比較

同一項目のカテゴリーを比較 ➡ 検定方法：z 検定

▶▶▶ **タイプ④** 一部従属関係がある場合の検定

商品 A の「全体の保有率」と「男性の保有率」の比較

全体と一部集団を比較 ➡ 検定方法：z 検定

ここでの「従属関係」とは、たとえば、アンケートで「はい」か「いいえ」かどちらかの二者択一で、一方の割合が増えれば、他方の割合は減るといった関係のことです

検定を使いこなせば何もかもわかっちゃうんだから

44 タイプ① 対応のない場合（z検定）

使える場面 ▶▶▶ ある町の男性と女性とでアンケートの回答率に差があるかどうか調べたいときなど

対応がない、つまり異なる集団の比較をする場合に用いる z 検定を説明します。

問題

下表はある町の 500 人に対して商品 A を保有しているか否かと性別を調べた結果である。この町全体の男性と女性では商品 A の保有率に差があるかを求めよ。

	保有の有無	性別
1	○	男性
2	○	男性
3	○	男性
4	×	男性
5	×	男性
6	○	女性
7	○	女性
8	×	女性
9	×	女性
10	×	女性
︙	︙	︙
500	○	男性

○は保有、×は非保有

クロス集計

	回答人数	A 商品保有率
男性	200	40 %
女性	300	30 %

	回答人数	A 商品保有率
男性	n_1	p_1
女性	n_2	p_2

対応のあるなしの見極めがファーストステップです

> 解　答

以下の手順で検証します。

① 帰無仮説と対立仮説を立て、両側検定か片側検定を判定

- 帰無仮説：この町全体の商品 A の保有率は男性と女性で同じ
- 対立仮説：この町全体の商品 A の保有率は男性と女性で異なる

　これより**両側検定**を適用します。

② 検定統計量を算出

$$検定統計量 = \frac{p_1 - p_2}{標準誤差}$$

$$= \frac{p_1 - p_2}{\sqrt{\bar{p}(1-\bar{p})\left(\frac{1}{n_1} + \frac{1}{n_2}\right)}}$$

標準誤差は $\sqrt{\bar{p}(1-\bar{p})\left(\frac{1}{n_1} + \frac{1}{n_2}\right)}$ 　　$\bar{p} = \frac{n_1 p_1 + n_2 p_2}{n_1 + n_2}$

$$\bar{p} = \frac{200 \times 0.4 + 300 \times 0.3}{200 + 300} = \frac{170}{500} = 0.34$$

ゆえに

$$検定統計量 = \frac{0.4 - 0.3}{\sqrt{0.34(1-0.34)\left(\frac{1}{200} + \frac{1}{300}\right)}}$$

$$= \frac{0.1}{\sqrt{0.34 \times 0.66 \times 0.00833}}$$

$$= \frac{0.1}{0.0432} = 2.31$$

③ p 値を算出

z 検定の両側検定の p 値は z 分布の検定統計量の上側確率の 2 倍です（下図）。

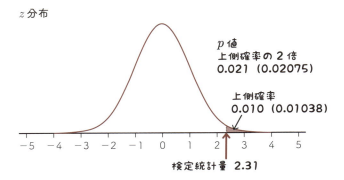

p 値は Excel の関数で求められます。

検定統計量が大きい（小さい）場合、p 値が小さく（大きく）なるという関係にあります。

④有意差を判定

p 値＝ 0.021 ＜有意水準 0.05
よって、帰無仮説は棄却でき、対立仮説を採択できます。

以上より、この町の商品 A の保有率は男性と女性で異なることがわかりました。

A. 保有率には差がある

45 タイプ② 対応のある場合(マクネマー検定)

使える場面 ▶▶▶ ある町の自社と競合会社の商品の保有率に違いがあるか調べたいときなど

同じ対象者の母集団の割合に違いがあるかを調べたいときには、対応のある場合の検定である**マクネマー検定**を用います。

問題

下表はある町の100人に商品Aと商品Bの保有の有無を調べた結果である。この町の商品Aの保有率と商品Bの保有率に差があるかを求めよ。

回答者	商品A	商品B
1	○	○
2	○	×
3	○	×
4	×	○
5	○	×
6	○	×
7	○	×
⋮	⋮	⋮
99	×	×
100	×	○

○は保有、×は非保有

クロス集計

人数表

		商品B 保有	商品B 非保有	計
商品A	保有	20	23	43
商品A	非保有	37	20	57
	計	57	43	100

商品A 保有率 43%

商品B 保有率 57%

		商品B 保有	商品B 非保有	計
商品A	保有	a	b	a+b
商品A	非保有	c	d	c+d
	計	a+c	b+d	n

10 割合に関する検定

解 答

マクネマー検定では「商品Aの保有の有無」と「商品Bの保有の有無」のクロス集計表について検討します。

クロス集計において、b－cの人数差分が大きいほど商品A保有率と商品B保有率の差は大きくなります。

下記の3つのクロス表の中では、「b－c」が最大のケース1において、保有率差分が30%と最大になっています。

このことを踏まえ、検定統計量は $(b－c)^2 ÷ (b＋c)$ が適用されます。

〈ケース1〉　　　　　　　　人数表

		商品B		計
		保有	非保有	
商品A	保有	10	20	30
	非保有	50	20	70
	計	60	40	100

商品A保有率	30%
商品B保有率	60%
差分	30%
b－c	|50－20| ＝ 30

〈ケース2〉　　　　　　　　人数表

		商品B		計
		保有	非保有	
商品A	保有	20	23	43
	非保有	37	20	57
	計	57	43	100

商品A保有率	43%
商品B保有率	57%
差分	6%
b－c	|37－23| ＝ 14

〈ケース3〉　　　　　　　　人数表

		商品B		計
		保有	非保有	
商品A	保有	25	25	50
	非保有	25	25	50
	計	50	50	100

商品A保有率	50%
商品B保有率	50%
差分	0%
b－c	|25－25| ＝ 0

※｜　｜は絶対値の記号

① 帰無仮説と対立仮説を立て、両側検定か片側検定を判定

・帰無仮説：この町全体の商品Aの保有率と商品Bの保有率は同じ

・対立仮説：この町全体の商品Aの保有率と商品Bの保有率は異なる

※マクネマー検定は、クロス集計表に関する検定です。クロス集計表に関する検定は、両側検定、片側検定の区別はしません。

② 検定統計量を算出

2つの項目について回答が異なる（商品Aと商品Bでの保有有無が異なる）割合を検定します。

$$検定統計量 = \frac{(b-c)^2}{b+c}$$

$$= \frac{(37-23)^2}{37+23}$$

$$= \frac{196}{60}$$

$$= 3.27$$

ただし、セル内の n 数（a、b、c、d のいずれか）が5未満の場合は検定統計量の計算式は下記の通りとなります。

$$検定統計量 = \frac{(|b-c|-1)^2}{b+c}$$

｜ ｜は絶対値
たとえば3と-3の
絶対値は3になります

③ p 値を算出

マクネマー検定の検定統計量の確率分布はカイ2乗分布（χ^2 分布）になります（下図）。

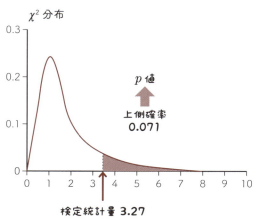

カイ2乗分布における検定統計量の上側確率

p 値は Excel 関数を使って求めましょう。

④ 有意差を判定

p 値 = 0.071 ＞ 有意水準 0.05

よって、帰無仮説は棄却できず、対立仮説を採択できません。

以上より、この町の商品 A の保有率と商品 B の保有率に差があるとはいえないことがわかりました。

A. 保有率には差はない

46 タイプ③ 従属関係にある場合（z検定）

使える場面 ▶▶▶ ある町の自社商品の保有率と非保有率に違いがあるか調べたいときなど

同一項目のカテゴリーであるものの、対応がない2つの項目について検定したい場合には、z検定を用います。

以下、問題を解きながら使い方を見ていきましょう。

問 題

下表はある町の100人に商品Aの保有の有無を調べた結果である。この町の商品Aの保有率と非保有率に差があるかを求めよ。

回答者 No	商品 A
1	○
2	○
3	○
4	×
5	×
6	○
7	○
⋮	⋮
99	×
100	×

○は保有、×は非保有

単純集計

商品 A	人数	割合
保有	60	60％
非保有	40	40％
計	100	

商品 A	人数	割合
保有	a	p_1
非保有	b	p_2
計	a＋b	

> 解 答

以下の手順で検証します。

① 帰無仮説と対立仮説を立て、両側検定か片側検定を判定

・帰無仮説：この町全体の商品 A の保有率と非保有率は同じ
・対立仮説：この町全体の商品 A の保有率と非保有率は異なる
これより**両側検定**を適用します。

② 検定統計量を算出

$$検定統計量 = \frac{p_1 - p_2}{標準誤差} = \frac{p_1 - p_2}{\sqrt{\dfrac{p_1 + p_2}{n}}}$$

$$検定統計量 = \frac{0.6 - 0.4}{\sqrt{\dfrac{0.6 + 0.4}{100}}} = \frac{0.2}{\sqrt{0.01}} = 2.00$$

③ p 値を算出

z 検定の両側検定の p 値は z 分布における検定統計量の上側確率の 2 倍です。

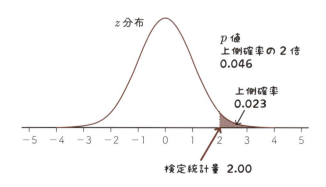

p 値は Excel の関数で求めましょう。

④ 有意差を判定

p 値 = 0.046 ＜ 有意水準 0.05

よって、帰無仮説は棄却でき、対立仮説を採択できます。

以上より、この町の商品 A の全体の保有率と男性の保有率は有意な差があるといえます。

A. 保有率と非保有率には差がある

47 タイプ④ 一部従属関係にある場合（z 検定）

使える場面 ▶▶▶ ある町の自社商品の全体の保有率と男性の保有率で違いがあるか調べたいときなど

対応のない全体と一部集団を比較する場合は、z 検定を用います。
以下の問題を解きながら使い方を見ていきましょう。

> ある特定のグループが全体割合と比べて違いがあるかどうか調べる検定です

問題

下表はある町の 100 人に商品 A の保有の有無と性別を調べた結果である。この町の商品 A の全体の保有率と男性の保有率に差があるかを求めよ。

回答者 No	商品 A	性別
1	○	男性
2	○	男性
3	○	男性
4	×	男性
5	×	男性
6	○	女性
7	○	女性
⋮	⋮	⋮
99	×	女性
100	×	女性

○は保有、×は非保有

→ クロス集計 →

上段 n / 下段横 %		商品 A		計
		保有	非保有	
性別	男性	30	20	50
		60%	40%	100%
	女性	20	30	50
		40%	60%	100%
全体		50	50	100
		50%	50%	100%

		商品 A		計
		保有	非保有	
性別	男性	a	b	$n_1 = a + b$
	女性	c	d	$n_2 = c + d$
全体		$a + c$	$b + d$	n

全体の割合　　$p = (a + c) \div n$
男性の保有率　$p_1 = a \div n_1$

解 答

以下の手順で検証します。

① 帰無仮説と対立仮説を立て、両側検定か片側検定を判定

・帰無仮説：この町全体の商品 A の全体の保有率と男性の保有率は同じ
・対立仮説：この町全体の商品 A の全体の保有率と男性の保有率は異なる
これより**両側検定**を適用します。

② 検定統計量を算出

$$検定統計量値 = \frac{p - p_1}{標準誤差} = \frac{p - p_1}{\sqrt{p(1-p)\frac{n-n_1}{n \times n_1}}}$$

以上より

$$検定統計量値 = \frac{0.5 - 0.6}{\sqrt{0.5 \times (1 - 0.5) \times \frac{100 - 50}{100 \times 50}}}$$

$$= \frac{-0.1}{\sqrt{0.25 \times 0.01}} = \frac{-0.1}{0.05}$$

$$= -2.00$$

マイナスの値はプラスの値に変換するので「2.00」。

③ p 値を算出

z 検定の両側検定の p 値は z 分布における検定統計量の上側確率の 2 倍です。

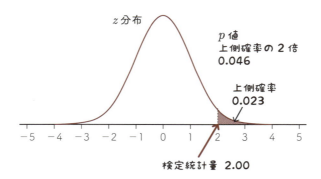

p 値は Excel の関数で求めましょう。

④ 有意差を判定

p 値 = 0.046 < 有意水準 0.05

よって、帰無仮説は棄却でき、対立仮説を採択できます。

以上より、この町の商品 A の全体の保有率と男性の保有率は有意な差があるといえます。

A. 全体の保有率と男性の保有率には差がある

Chapter 11

相関に関する検定

単相関係数の無相関の検定の出番だ！

48 単相関係数の無相関の検定

【たんそうかんけいすうのむそうかんのけんてい】
▶▶▶ 母集団における相関関係を調べる検定手法
使える場面 ▶▶▶ 一部の社員のデータから全社においても勤務時間と業績の間に関連性があるか調べたいときなど

P.57 で単相関係数について学びましたが、調査したデータで相関関係があると判断できても、母集団で相関関係が成立するかどうかはわかりません。

ここでは母集団における相関（母相関係数）が無相関であるかないか（相関関係が 0 かどうか）を調べる検定方法を紹介します。

問題

ある学校で 52 人をランダムに抽出し、学習時間とテスト成績の単相関係数を算出した。単相関係数は 0.3 であった。学習時間はテストの成績に影響を及ぼす要因であるといえるか。

解答

以下の手順で求めることができます。

① 帰無仮説と対立仮説を立て、両側検定か片側検定の判定

・帰無仮説：母集団の学習時間とテストの成績は無相関である（学習時間とテストの成績の相関は 0 である）
・対立仮説：母集団の学習時間とテストの成績は無相関ではない（学習時間とテストの成績の相関は 0 ではない）

無相関検定は**両側検定**のみです。

② 検定統計量を算出

$$検定統計量 = r\sqrt{\frac{n-2}{1-r^2}}$$

※ r：標本単相関係数、n：サンプルサイズ

上の式に数値を代入すると

$$検定統計量 = 0.3 \times \sqrt{\frac{52-2}{1-(0.3)^2}}$$

$$= 0.3 \times \sqrt{\frac{50}{0.91}}$$

$$= 0.3 \times 7.41$$

$$= 2.22$$

③ p 値を算出

無相関検定の両側検定の p 値は t 分布における検定統計量の上側確率の2倍です。

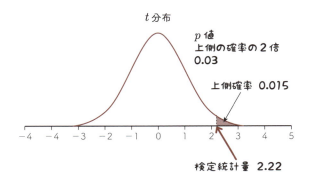

t 分布の p 値は以下の Excel の関数で簡単に求められます。

> **Excelメモ**
>
> ### t 分布の p 値の求め方
>
> =TDIST（検定統計量, 自由度, 2）
>
> ※両側検定のみのため、2 は固定
>
> =TDIST（2.22, 50, 2） Enter = 0.031
>
> ※ t 検定の自由度 $= n - 2 = 52 - 2 = 50$

④ 有意差を判定

p 値 $= 0.031 <$ 有意水準 0.05

よって、帰無仮説は棄却でき、対立仮説を採択できます。

以上より、学習時間とテストの成績は無相関ではないといえます（学習時間とテストの成績の相関は 0 ではないといえます）。

A. 影響を及ぼす要因といえる

49 クロス集計表のカイ2乗検定

【くろすしゅうけいひょうのかいじじょうけんてい】
▶▶▶ 母集団におけるクラメール連関係数が無相関か否かを見る検定法
使える場面 ▶▶▶ 性別と好きなプロ野球のチームの間に関連性があるか調べたいときなど

P.64, 71 でクロス集計とクラメール連関係数について学びました。
ここでは母集団におけるクラメール連関係数が無相関であるかないか（相関が0かどうか）を調べる検定方法を説明します。

問題

下記のクロス集計表は有権者の所得水準と支持政党の関係を調べたものです。このクロス集計表からクラメール連関係数を求めなさい。また所得水準と政党支持率は関連性があるかを求めよ。

n 表

	A政党	B政党	横計
高所得層	30	10	40
中所得層	20	10	30
低所得層	10	20	30
縦計	60	40	100

％表

	A政党	B政党	横計
高所得層	75.0%	25.0%	100.0%
中所得層	66.7%	33.3%	100.0%
低所得層	33.3%	66.7%	100.0%
縦計	60.0%	40.0%	100.0%

> 解　答

以下の手順で求めることができます。

① 帰無仮説と対立仮説を立て、両側検定か片側検定を判定

- 帰無仮説：母集団の所得水準と政党支持率は無相関である（所得水準と政党支持率の相関は0である）
- 対立仮説：母集団の所得水準と政党支持率は無相関ではない（所得水準と政党支持率の相関は0ではない）

※カイ2乗検定は、クロス集計表に関する検定です。クロス集計表に関する検定は、両側検定、片側検定の区分はしません。

② 検定統計量を算出

下記の計算式を使って検定統計量（カイ2乗値）を求めます。

$$検定統計量 = \Sum \frac{(実測値 - 期待度数)^2}{期待度数}$$

> カイ2乗値はクラメール連関係数を求めるときに使用します。上式は実測値や期待度数を使用したカイ2乗値の求め方です

カイ2乗値は以下のExcel関数を使えば簡単に求めることができます。

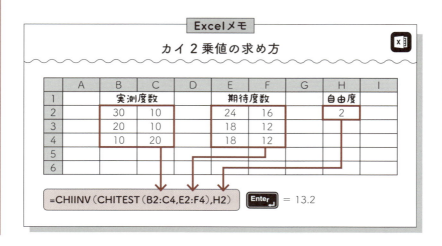

③ p 値を算出

カイ2乗検定の p 値はカイ2乗分布における検定統計量の上側確率です。

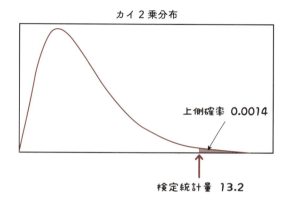

カイ2乗分布の p 値は以下の Excel 関数を使って求めます。

※カイ2乗検定の自由度：自由度は下記のように表頭項目と表側項目のカテゴリー数によって定められます。

④ 有意差を判定

p 値＝ 0.0014 ＜有意水準 0.05

よって、帰無仮説は棄却でき、対立仮説を採択できます。
以上より、所得水準と政党支持率は無相関ではないといえます（所得水準と政党支持率の相関は 0 ではないといえます）。

A. 関連性がある

Chapter 12

重回帰分析

複数のデータの関連性を調べる

統計はビジネスの最強のツール

50 重回帰分析
Multiple regression analysis

【じゅうかいきぶんせき】 ▶▶▶ 目的変数と説明変数の関係を式で表し、目的変数を予測する解析手法

使える場面 ▶▶▶▶▶▶▶▶▶▶▶ ある商品の売上を広告費や売り場面積、店員数などから予測したいときなど

具体例とともに、重回帰分析の使い方を見ていきましょう。

具体例

下表は、あるドラッグストアのサプリメント X の年間売上額と広告費と店員数を示したものです。
この表を見ると、投入する広告費や店員数が多い店舗はサプリメント X の売上額も大きく、投入量が少ない店舗は売上額も小さくなっていることが推察できます。この傾向を踏まえて、新しく出店する予定の店舗 G の広告費を 1,300 万円、店員数を 14 人としたとき、売上額がどれくらいになるかを予測したいと思います。

店舗名	サプリメント X の売上額（千万円）	広告費（万円）	店員数（人）
A	8	500	6
B	9	500	8
C	13	700	10
D	11	400	13
E	14	800	11
F	17	1,200	13
G	?	1,300	14

この目的を解決してくれるのが**重回帰分析**です。
予測したい変数であるサプリメント X の売上額を「**目的変数（従属変数）**」、目的変数に影響を及ぼす変数である広告費と店員数を「**説明変数（独立変数）**」といいます。

重回帰分析で適用できるデータは、目的変数、説明変数どちらも「数量データ」であり、重回帰分析では、目的変数と説明変数の関係を「関係式」で表します。重回帰分析における関係式を「重回帰式」といいます（「モデル式」ともいいます）。

重回帰分析は、目的変数に対して複数の説明変数を用います

この例の重回帰式は、次のようになります。

$$売上額 = 0.00786 × 広告費 + 0.539 × 店員数 + 1.148$$

重回帰分析はこの重回帰式を用いて、次の事柄を明らかにする解析手法です。

重回帰分析でできること
- 予測値の算出
- 関係式に用いた説明変数の目的変数に対する影響度

関係式の係数の求め方

重回帰式の係数を回帰係数といいます。まず、回帰係数がどのような考え方で求められているかを説明します。

回帰係数の算出方法を解説する前に、次の問題を考えてみましょう。

問題

店舗Aのサプリメント X の売上が8千万円になるように、次の式の □ に入る適当な数値を求めよ。

店舗Aの売上額　　店舗Aの広告費　　店舗Aの店員数

8（千万円）＝ ア ×500（万円）＋ イ ×6（人）＋ ウ

解 答

答えはいくつもあります。たとえば、ア＝ 0.005、イ＝ 0.3、ウ＝ 3.7 とすれば

$8 = \boxed{0.005} \times 500 + \boxed{0.3} \times 6 + \boxed{3.7}$ が成立します。

A. ア：0.005、イ：0.3、ウ：3.7 など多数

では、続けて次の問題を考えてみましょう。

問題

前述の問題の解答は、店舗 A のサプリメント X の売上についてのみ左辺（実際の店舗 A の売上額）と右辺が等しくなる。店舗 B 〜 F すべてのサプリメント X の売上について左辺と右辺が等しくなる $\boxed{ア}$ $\boxed{イ}$ $\boxed{ウ}$ を求めよ。

解 答

まず、前述の問題と同じ、**ア＝ 0.005、イ＝ 0.3、ウ＝ 3.7** を代入してみます。

店舗	左辺 実績値	右辺	差分	一致
A	8	$0.005 \times 500 + 0.3 \times 6 + 3.7 = 8.0$	0.0	○
B	9	$0.005 \times 500 + 0.3 \times 8 + 3.7 = 8.6$	0.4	○
C	13	$0.005 \times 700 + 0.3 \times 10 + 3.7 = 10.2$	2.8	×
D	11	$0.005 \times 400 + 0.3 \times 13 + 3.7 = 9.6$	1.4	×
E	14	$0.005 \times 800 + 0.3 \times 11 + 3.7 = 11.0$	2.0	×
F	17	$0.005 \times 1,200 + 0.3 \times 13 + 3.7 = 13.6$	3.4	×

左辺（売上額）から右辺を引いた差分で一致度を見ると、店舗 A と店舗 B はほぼ一致していますが、他の店舗の差分が 1.0 以上もあり一致していません。

残念ながら、この答えは正解といえません。

ご覧のように、手計算でこの問題を解くのは大変です。**これを解決してくれるのが重回帰分析です。**

重回帰分析が導いてくれた重回帰式に広告費と販売員数を代入してみます。
求められた値（左辺）と売上額（右辺）との差分を調べてみます。

売上額＝ 0.00786 ×広告費＋ 0.539 ×販売員数＋ 1.148

店舗	左辺 実績値	右辺	差分	一致
A	8	0.00786 × 500 + 0.539 × 6 + 1.148 = 8.3	0.3	○
B	9	0.00786 × 500 + 0.539 × 8 + 1.148 = 9.4	0.4	○
C	13	0.00786 × 700 + 0.539 × 10 + 1.148 = 12.0	1.0	×
D	11	0.00786 × 400 + 0.539 × 13 + 1.148 = 11.3	0.3	○
E	14	0.00786 × 800 + 0.539 × 11 + 1.148 = 13.4	0.6	○
F	17	0.00786 × 1,200 + 0.539 × 13 + 1.148 = 17.6	0.6	○

※差分：左辺から右辺を引いた絶対値（マイナスはプラスにした値）
※一致：差分 1.0 未満：○、1.0 以上×（1.0 未満を「一致」と考えた）

左辺と右辺とはぴったり一致しませんが、どの店舗についてもほぼ近い値になっています。重回帰分析では、左辺の売上額を**実績値**、右辺の計算値を**理論値**といいます。重回帰分析は、実績値と理論値ができるだけ近くなるように、重回帰式の係数を見つける解析手法です。

新しく出店する予定の店舗 G の広告費を 1,300 万円、店員数を 14 人としたときの売上額を予測してみましょう。

店舗 G の売上額 ＝ 0.00786 × 1300 + 0.539 × 14 + 1.148
　　　　　　　 ＝ 10.218 + 7.546 + 1.148
　　　　　　　 ＝ 18.912

新しく出店する予定の店舗 G の売上額の予測値は約 19（千万円）となります。

A．ア．0.00786、イ．0.539、ウ．1.148

回帰係数（Regression coefficient）

　回帰係数（偏回帰係数）は、実績値と理論値をできるだけ近くするための値です。

　ところが、回帰係数の役割はそれだけではなく、それぞれの説明変数の目的変数に及ぼす影響度も導いてくれます。「他の説明変数が一定」という条件下において、各説明変数が「1」変化したときに目的変数がいくつ変化するかを表す値でもあるのです。

回帰係数を解釈する

　回帰係数にはデータ単位があり、目的変数のデータ単位と同じになります。

　P.204 の「ドラッグストアのサプリメント X の売上事例」の重回帰式は次のように表されていました。

$$売上額＝ 0.00786 ×広告費＋ 0.539 ×販売員数＋ 1.148$$

　この 1.148 を定数項といいます。

　回帰係数は売上額のデータ単位が 1 千万円なので、回帰係数は次のようになります。

- 広告費の回帰係数：0.00786（千万円）→ 7.86 万円
- 店員数の回帰係数：0.539（千万円）→ 539 万円
- 定数項：1.148（千万円）→ 1,148 万円

　広告費のデータ単位は「1 万円」、店員数のデータ単位は「1 人」でした。

　つまり、上記の回帰係数から、広告費を 1 万円使うと売上額が 7.86 万円、店員数を 1 人投入すると売上額が 539 万円増えることがわかります。

　このように、回帰係数から「説明変数の目的変数に対する影響度」がわかります。

　なお、影響度とは説明変数のデータ単位あたりの売上額のことです。また、定数項の1,148 万円は、広告費を 0、店員数を 0 としたときの売上額です。

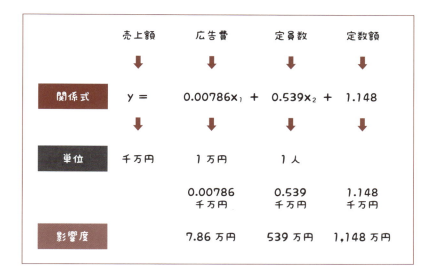

標準回帰係数（Standard regression coefficient）

　説明変数（要因）の重要度は回帰係数の大きさとイコールではありません。なぜなら説明変数ごとの単位はもともと他の変数と違っているからです。そのため、この単位の違いを取り払ったうえで、重回帰分析を行い得られた回帰係数が重要度を判定する基準となります。

　この回帰係数を **標準回帰係数** といい、重回帰式における各説明変数の重要度を表す指標となります。

下表は P.204 の「ドラッグストアのサプリメント X の売上事例」の重回帰式です。

広告費の単位は「1 万円」の重回帰式

店舗	売上額	広告費	店員数
A	8	500	6
B	9	500	8
C	13	700	10
D	11	400	13
E	14	800	11
F	17	1,200	13
G	?	1,300	14
単位	千万円	万円	人

売上額＝ 0.00786 ×広告費＋ 0.539 ×販売員数＋ 1.148

　この回帰係数の値は店員数のほうが広告費より大きいので、「売上額を高めるのに重要な要因は、店員数のほうである」ということはできません。

　この理由を次で確かめてみましょう。

　下表は、「ドラッグストアのサプリメント X の売上事例」で、売上額と店員数のデータ単位はそのままです。広告費のデータ単位を「万円」から「百万円」にして重回帰分析を行った結果を下記に示します。

広告費の単位を「百万円」に変更した重回帰式

店舗	売上額	広告費	店員数
A	8	5	6
B	9	5	8
C	13	7	10
D	11	4	13
E	14	8	11
F	17	12	13
G	?	13	14
単位	千万円	百万円	人

売上額＝ 0.786 ×広告費＋ 0.539 ×販売員数＋ 1.148

どちらも広告費のデータ単位表記を変えただけですが、広告費の回帰係数は異なる値となりました。このことから、「説明変数間の回帰係数を比較し、値の大小で重要度を見ることはできない」といえます。
　回帰係数は、説明変数の売上影響度を把握できますが、説明変数間の重要度の比較には適用できません。

　上記の2つのケースについて、広告費の売上に対する影響度を調べてみます。

・広告費のデータ単位が**1万円**のときに見込める売上額は**7.86万円**（0.00786千万円）
・広告費のデータ単位が**百万円**のときに見込める売上額は**786万円**（0.786千万円）

「データ単位1万円→売上影響度7.86万円」と「データ単位百万円→売上影響度786万円」は同じ意味で、データ単位表記を変えても売上に対する影響度は同じとなります。

標準回帰係数で重要度を把握する

　説明変数のデータ単位の取り方によって回帰係数の値は変わるので、回帰係数の大小を比較しても、どの説明変数が重要なのかを明らかにすることはできません。データ単位が同じならば、係数を大きい順に並べて、大きい説明変数ほど重要であるといえます。
　したがって、**各説明変数のデータ単位が異なっていれば、データ単位を同じにして重回帰分析を行い、回帰係数を求めればよい**のです。
　基準値あるいは偏差値によってデータ単位をそろえることができます。P.204の「ドラッグストアのサプリメントXの売上事例」でデータの基準値と偏差値を求めてみましょう

サプリメント X の売上事例データの基準値と偏差値

データ				基準値			偏差値		
店舗	売上額	広告費	店員数	売上額	広告費	店員数	売上額	広告費	店員数
A	8	500	6	− 1.20	− 0.63	− 1.50	38.0	43.7	35.0
B	9	500	8	− 0.90	− 0.63	− 0.78	41.0	43.7	42.2
C	13	700	10	0.30	0.06	− 0.06	53.0	50.6	49.4
D	11	400	13	− 0.30	− 0.97	1.02	47.0	40.3	60.2
E	14	800	11	0.60	0.40	0.30	56.0	54.0	53.0
F	17	1,200	13	1.49	1.77	1.02	64.9	67.7	60.2
平均	12.0	683.3	10.2						
標準偏差	3.3	292.7	2.8						

基準値のデータを元に重回帰分析を行った結果、以下の式が得られました。

$$基準値 = \frac{データ − データ平均}{標準偏差}$$

偏差値 ＝ 10 × 基準値 ＋ 50
標準偏差の分母：$n − 1$

$$売上額 ＝ 0.687 × 広告費 ＋ 0.449 × 店員数 ＋ 0.000$$

基準値による重回帰分析では定数項は 0 になります。重回帰分析を偏差値で行っても、回帰係数は基準値で求めた値と同じになります。これにより得られた標準回帰係数から説明変数間の相対的な重要度を比較できるようになりました。

売上額との関係（影響度）において、具体的には、売上をアップするための要因または売上げを予測するための要因として、広告費のほうが店員数より重要であるといえます。なお、標準回帰係数は次の式によっても求められます。

$$\beta_1 = a_1 \sqrt{\frac{S_{11}}{S_{yy}}}$$

$$\beta_2 = a_2 \sqrt{\frac{S_{22}}{S_{yy}}}$$

※ β は標準回帰係数、a は回帰係数、
S_{yy}、S_{11}、S_{22} は偏差平方和

※以下補足
$(y - \bar{y})^2 \to S_{yy}$
$(x_1 - \bar{x}_1)^2 \to S_{11}$
$(x_2 - \bar{x}_2)^2 \to S_{22}$

※ y は目的変数
x_1、x_2 は説明変数

「ドラッグストアのサプリメント X の売上事例」の標準回帰係数は以下のようになります。

$$\beta_1 = 0.00786 \times \sqrt{428{,}333 \div 56} = 0.687$$

$$\beta_2 = 0.539 \times \sqrt{38.8 \div 56} = 0.449$$

標準回帰係数を見ればどの説明変数が重要な要因であるかがわかります

12 重回帰分析 —— 複数のデータの関連性を調べる

符号逆転現象

重回帰分析を行っている際、よりたくさんの説明変数を入れてしまいがちです。その際、気をつけなければならないのが、回帰係数の符号が本来なるべきものとは逆の符号となる、**符号逆転現象**です。

説明変数の回帰係数の符号（プラス、マイナス）と単相関係数の符号が一致していないことをいい、**説明変数間で相関係数が高いときに発生します**。

健康診断の検査値の1つにγ-GTP（ガンマジーティーピー）があります。γ-GTPは肝臓や胆管の細胞がどれくらい壊れたかを示す指標で、検査値が100を超えると、肝硬変、肝がん、脂肪肝、胆道疾患の可能性があるといわれています。

以下の問題でγ-GTPを目的変数、飲酒量、喫煙有無、ギャンブル嗜好を説明変数として重回帰分析を行い、γ-GTPを予測する関係式を作成してみましょう。

> **問 題**
>
> **下表**は20人の成人男性について、γ-GTP、飲酒量、喫煙の有無、ギャンブルに対する嗜好性を調べたものである。重回帰分析を行い、γ-GTPを予測する関係式を求めよ。

No.	γ-GTP	飲酒量 （回／月）	喫煙の 有無	ギャンブル 嗜好	No.	γ-GTP	飲酒量 （回／月）	喫煙の 有無	ギャンブ ル嗜好
1	38	8	0	0	11	70	9	1	1
2	42	12	0	0	12	38	7	0	0
3	102	11	1	1	13	46	9	0	0
4	70	10	0	0	14	94	15	1	1
5	110	26	1	1	15	122	30	1	1
6	58	21	0	0	16	34	4	0	0
7	82	13	1	1	17	38	6	0	0
8	70	24	0	0	18	62	17	0	0
9	62	10	1	1	19	54	10	0	0
10	58	15	1	1	20	90	23	0	0

> ※喫煙の有無：1. 喫煙、0. 非喫煙
> 　ギャンブル嗜好：1. 好き、0. 嫌い

解 答

まず、説明変数相互の相関関係を調べました。

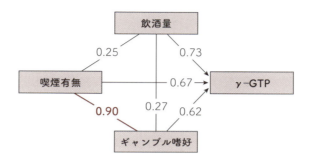

表のデータを用いて重回帰分析を行った結果は以下の通りです。

γ-GTP ＝ 2.14 ×飲酒量＋ 27.8 ×喫煙有無－ 1.4 ×ギャンブル嗜好＋ 26.4

A. γ-GTP ＝ 2.14 ×飲酒量＋ 27.8 ×喫煙有無
　　　　　－ 1.4 ×ギャンブル嗜好＋ 26.4

　ギャンブル嗜好の回帰係数、標準回帰係数の符号がマイナスになりました。ギャンブル嗜好とγ－GTPの相関係数はプラスなので、**符号逆転現象**が起こりました。

	標準回帰係数
飲酒量	0.602
喫煙有無	0.541
ギャンブル嗜好	－0.026

　ギャンブル嗜好について喫煙有無との相関係数を見ると、0.90です。喫煙有無との相関係数が大きくなるほど、標準回帰係数は小さくなって0に近づき、さらにはマイナスの値になります。ギャンブル嗜好から喫煙有無の影響を除去する度合いが増して、標準回帰係数の値が小さくなったということです。

　標準回帰係数が「小さく0に近い場合はギャンブル嗜好とγ-GTPとは無関係」「マイナスの場合はギャンブルが好きな人は嫌いな人に比べγ-GTPが低くなる」と解釈できます。

ギャンブル嗜好とγ-GTPとの関係を相関係数（0.62）で見ると、「ギャンブル好きであるほどγ-GTPが高くなる」ことがわかります。標準回帰係数（−0.026）で見ると、傾向は弱いものの「ギャンブル好きであるほどγ-GTPが低くなる」となり、結論が逆転しています。

標準回帰係数は統計解析の手法が算出した結果なので正しいことなのかもしれませんが、さすがに逆転現象が生じている結論を採用するのは勇気が要ります。**相関係数の符号と標準回帰係数の符号が一致しない場合、導く結論が逆転しています。**逆転した現象が説明できればこの結論を受け入れられますが、説明できない場合は説明変数を減らして重回帰分析をやり直します。

符号逆転現象を解消する2つの方法

・変数選択総当たり法を適用する
・相関マトリックスを適用する

変数選択総当たり法

符号逆転現象の解消策として、**変数選択総当たり法**があります。すべての説明変数の組み合わせを計算し、最も良いと思われるものを選択する方法です。

変数選択総当たり法の手順

説明変数の個数が q 個のとき、q 個の変数を用いてつくられる重回帰式の個数は $(2^q - 1)$ 個です。

たとえば、説明変数が3個の場合、

$2^3 - 1 = 7$

となります。

説明変数が x_1、x_2、x_3 であるときの重回帰式を以下に示します。

説明変数が x_1、x_2、x_3 であるときの重回帰式

$$y = a_1 x_1 + a_0$$
$$y = a_2 x_2 + a_0$$
$$y = a_3 x_3 + a_0$$
$$y = a_1 x_1 + a_2 x_2 + a_0$$
$$y = a_1 x_1 + a_3 x_3 + a_0$$
$$y = a_2 x_2 + a_3 x_3 + a_0$$
$$y = a_1 x_1 + a_2 x_2 + a_3 x_3 + a_0 \quad \longleftarrow$$

すべての変数を使用した重回帰式をフルモデルという

符号逆転の起こらない関係式をピックアップします。複数個ある場合、モデル選択基準（AIC など）で最良の関係式を見出します。

「符号逆転現象」の項（**P.214**）で使用したデータで総当り法を行いました。その結果、符号逆転のない組み合わせはモデル No.1 〜 6 となりました。この中でモデル選択基準 AIC が最小なのはモデル No.4 です。

モデル No	組合せ 変数 No	説明変数の個数	飲酒量	喫煙有無	ギャンブル嗜好	定数項	AIC	順位
1	1	1	2.587			30.8	176.7	4
2	2	1		34.167		53.3	180.1	5
3	3	1			32.747	55.5	182.1	7
4	12	2	2.135	26.604		26.5	163.4	1
5	13	2	2.151		24.236	28.4	167.9	3
6	23	2		28.667	6.286	53.3	182.0	6
7	123	3	2.140	27.775	− 1.357	26.4	165.4	2

γ -GTP を予測する最良のモデルは次式となります。

γ -GTP ＝ 2.135 ×飲酒量＋ 26.604 ×喫煙有無＋ 26.5

赤池情報量規準（AIC）に関する留意点

　赤池情報量規準（AIC）は、モデルの当てはまり度を表す統計量です。値が小さいほど当てはまりが良いとされますが、相対的な評価として用いられるため、「統計学的にいくつ以下が望ましい」というような基準はありません。

　AICを求める式を以下に示します。

計算式

$$AIC = n\left(\log\left(2\pi\frac{S_e}{n}\right) + 1\right) + 2(p + 2)$$

※ n：サンプルサイズ、p：説明変数の個数、S_e：残差平方和、log：自然対数
　π：3.14……
※残差平方和は、実績値と重回帰分析で求められた理論値の差の平方を合計した値です。

　式からわかるように、**説明変数の個数が少なく、S_e が小さいほど、AIC は小さくなります**。

　データとモデルとの適合度だけでなく、説明変数の個数もモデルの良さを判定する基準に含まれています。

　そのため、説明変数の個数が比較的多くならず、なおかつデータと合致するようなモデルを選択するような基準になっています。

AICが最小の重回帰式が最良なのです

51 月次時系列分析 季節変動指数（S）

Seasonal variation

【きせつへんどうしすう】▶▶▶ 時系列分析において、季節による売上変動のデータなどを用いてデータの持つ変動傾向を表したもの

使える場面 ▶▶▶▶▶▶▶▶▶▶ 毎月の販売計画・仕入計画に活用したいときなど

売上、株価、人口など、数量で測定された対象の月次の時系列データを分析し、将来予測を行う方法を**月次時系列分析**といいます。

時系列データは時間の経過に伴うデータの変動（変化）を測定したものです。時系列データの予測は、予測対象の時間的傾向（変化）や季節性を考慮し、予測対象に影響を及ぼす要因との関係式を作成します。関係式に将来の傾向、季節性、影響要因の値をインプットして、予測値を算出します。下記の問題では売上の予測を取り上げますが、株価、人口など別の予測対象にも、ここで解説する予測方法は応用できます。

季節性とは、年間を通じた商品の売れ行きの、好不調の周期のことです

季節性の変動を**季節変動**といいます。季節変動は気候的要因、あるいは社会行事（お盆、お正月など）などの慣習的要因によって生じますが、変動そのものはある一定の周期で毎年起こるものです。

2年（24か月）以上のデータがあれば季節性を把握できます。2年未満のデータでも季節性はありますが、統計学的処理では期間が短く季節性を把握することができません。

季節性を係数的にとらえたものを**季節変動指数**といい、Sで表します。Sは月別平均法という解析手法で求められます。

月別平均法は、時系列データの季節性を調べる解析手法で、Sを算出します。月次データと四半期データに適用できます。月次データの月数は24か月以上、四半期データの期数は8期以上です。

問 題

下記のデータはある新製品 X の 1 年目から 3 年目までの売上と各月の 3 か年平均売上である。このデータについて季節変動指数（S）を求めよ。

月	1 年目	2 年目	3 年目	3 か年平均
1 月	13	44	31	29.3
2 月	19	59	44	40.7
3 月	25	63	81	56.3
4 月	20	43	54	39.0
5 月	18	36	41	31.7
6 月	31	39	51	40.3
7 月	25	36	47	36.0
8 月	17	23	34	24.7
9 月	28	32	42	34.0
10 月	40	34	47	40.3
11 月	43	30	44	39.0
12 月	49	27	38	38.0

解 答

このデータで示している 12 個の 3 か年平均を合計し、12 で割ります。この値を全体平均と呼ぶことにします。

月ごとに、3 か年平均を全体平均で割った値が季節変動指数（S）です。

月	3 か年平均	季節変動指数 S
1 月	29.3	0.78
2 月	40.7	1.09
3 月	56.3	1.50
4 月	39.0	1.04
5 月	31.7	0.85
6 月	40.3	1.08
7 月	36.0	0.96
8 月	24.7	0.66
9 月	34.0	0.91
10 月	40.3	1.08
11 月	39.0	1.04
12 月	38.0	1.01
合計	449.3	
全体平均	37.4	

A. 左表の通り

目標や予算の設定に不可欠な季節変動指数

Sが1を上回れば売れる月、1を下回れば売れない月と判断します。前述の問題の場合、3月に売れ、8月に売れないといえます。

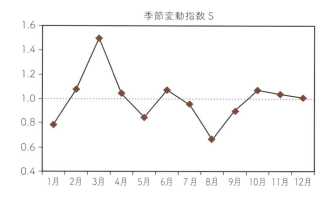

多くの商品やサービスは、季節や時期によって売上が変化します。目標や予算は、こうした季節や時期を無視して設定することはできません。むしろ、それぞれの季節や時期を考慮して詳細な目標や予算を設定することが求められてくるでしょう。

前述の問題の場合、**たとえば毎月 DM を送るにしても 3 月はその予算を減らし、8 月は逆に増やすといった戦略も立てられる**ようになるわけです。

月次時系列分析 傾向変動（T） Trend

【けいこうへんどう】▶▶▶ 時系列データにおいて時間の経過とともに増加をする、あるいは減少をする動きの傾向

使える場面 ▶▶▶▶▶▶▶ 業界全体の成長傾向を見たいとき

　時系列データには、時間の経過とともに増加をする、あるいは減少をする動きが見られます。この傾向のことを**傾向変動（T）**といいます。人口増加やGDPの成長など、細かい変化ではなく大きな傾向をとらえる際に見る要素です。

　時系列データから予測を立てるには、予測対象の時間的傾向（変化）や季節性を考慮し、予測対象に影響を及ぼす要因との関係式を作成する必要があります。

　以下、売上データの時間的傾向を調べる問題で使い方を見ていきましょう。

問題

下記は新商品Xの1年目から3年目までの売上と各月の3か年平均売上である。売上は変動して推移しているが、傾向を見ると緩やかな増加傾向にあることがわかる。増加傾向について滑らかな1本の傾向線を求めよ。

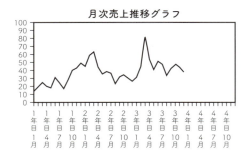

月	1年目	2年目	3年目
1月	13	44	31
2月	19	59	44
3月	25	63	81
4月	20	43	54
5月	18	36	41
6月	31	39	51
7月	25	36	47
8月	17	23	34
9月	28	32	42
10月	40	34	47
11月	43	30	44
12月	49	27	38

解 答

傾向線の当てはめは回帰分析で行えます。曲線の当てはめを行う方法を曲線回帰分析といいます。

曲線回帰分析を行った結果は**下表**の通りです。

傾向線のことをトレンド (T) といいます

月次	売上	傾向線	月次	売上	傾向線
1年目1月	13	12.3	3年目1月	31	42.7
1年目2月	19	18.9	3年目2月	44	43.1
1年目3月	25	22.7	3年目3月	81	43.5
1年目4月	20	25.4	3年目4月	54	43.8
1年目5月	18	27.5	3年目5月	41	44.1
1年目6月	31	29.3	3年目6月	51	44.5
1年目7月	25	30.7	3年目7月	47	44.8
1年目8月	17	32.0	3年目8月	34	45.1
1年目9月	28	33.1	3年目9月	42	45.4
1年目10月	40	34.1	3年目10月	47	45.6
1年目11月	43	35.0	3年目11月	44	45.9
1年目12月	49	35.8	3年目12月	38	46.2
2年目1月	44	36.6	4年目1月		46.4
2年目2月	59	37.3	4年目2月		46.7
2年目3月	63	37.9	4年目3月		46.9
2年目4月	43	38.5	4年目4月		47.2
2年目5月	36	39.1	4年目5月		47.4
2年目6月	39	39.6	4年目6月		47.6
2年目7月	36	40.1	4年目7月		47.9
2年目8月	23	40.6	4年目8月		48.1
2年目9月	32	41.1	4年目9月		48.3
2年目10月	34	41.5	4年目10月		48.5
2年目11月	30	41.9	4年目11月		48.7
2年目12月	27	42.3	4年目12月		48.9

これより下図の傾向線が描けます。

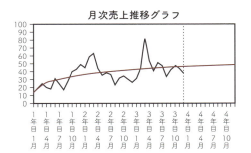

A. 左図の通り

この傾向線は次の自然対数回帰式で表せます。

$$y = a \log(x) + b$$

※ log は自然対数

売上の傾向線 = 9.477log(x) + 12.32

1年目1月：$x = 1$、1年目2月＝2……、3年目12月：$x=36$ として、x を上記式に代入すると、売上の傾向線の各月の値が求められます。

3年目12月：$x = 36$ より

売上の傾向線 = 9.447log(36) + 12.32
　　　　　　 = 9.447 × 3.5835 + 12.32 = 46.2

log(36) は Excel の関数で計算できます。

傾向線を求める関係式は下記のようにいろいろあります。

傾向線を求める関係式

① 直線回帰式： $y = ax + b$

② ルート回帰式： $y = a\sqrt{x} + b$

③ 自然対数回帰式： $y = a \log x + b$

④ 分散回帰式： $y = a \dfrac{1}{x} + b$

⑤ べき乗回帰式： $y = ax^b$

⑥ 指数回帰式： $y = ab^x$

⑦ 修正指数回帰式： $y = K - ab^x$

⑧ ロジスティック回帰式： $y = \dfrac{K}{1 + ae^{-bx}}$

⑨ ゴンペルツ回帰式： $y = Ka^{bx}$

a と b は係数または定数項、K は上限値、e は $e = 2.71828\cdots$ という定数を表しています。log は自然対数のことです

12 重回帰分析 ── 複数のデータの関連性を調べる

自然対数回帰式の求め方

以下のデータを用いて自然対数回帰式 $y = a\log x + b$ を求めてみます。

	1月	2月	3月	4月	5月
売上	13	19	25	20	18
傾向線	12.3	18.9	22.7	25.4	27.5

自然対数回帰式の計算表を以下に示します。

	① y	x	② $\log (x)$	③ $y-y$ の平均	④ ②-②の平均	⑤ ③の2乗	⑥ ④の2乗	⑦ ③×④
1月	13	1	0.0000	− 6	− 0.9575	36	0.9168	5.7450
2月	19	2	0.6931	0	− 0.2644	0	0.0699	0.0000
3月	25	3	1.0986	6	0.1411	36	0.0199	0.8467
4月	20	4	1.3863	1	0.4288	1	0.1839	0.4288
5月	18	5	1.6094	− 1	0.6519	1	0.4250	− 0.6519
計	95		4.7875			74	1.6155	6.3685
平均	19		0.9575			⑧ S_{yy}	⑨ S_{xx}	⑩ S_{xy}

$$a = \frac{⑩}{⑨} = \frac{6.3685}{1.6155} = 3.9422$$

$b = y$ の平均 $- a \times \log (x)$ の平均

$\quad = 19 - 3.9422 \times 0.9575$

$\quad = 15.2254$

自然対数回帰式は、以下のように求められました。

$y = 3.9422 \log x + 15.2254$

ＳとＴの重回帰 月次データ売上予測

重回帰分析を用いて予測モデル式をつくり、売上を予測します。重回帰分析の目的変数は売上、説明変数はトレンド（Ｔ）（傾向線）、季節変動指数（Ｓ）とします。

問 題

下記は、先に算出したＴとＳ、そして売上のデータである。Ｓは毎年同じ値であるものとする。重回帰分析を行い、4年目の1月から12月までの売上予測値を求めよ。

年月	売上	T	S	年月	売上	T	S
1年目1月	13	12.3	0.8	3年目1月	31	42.7	0.8
1年目2月	19	18.9	1.1	3年目2月	44	43.1	1.1
1年目3月	25	22.7	1.5	3年目3月	81	43.5	1.5
1年目4月	20	25.4	1.0	3年目4月	54	43.8	1.0
1年目5月	18	27.5	0.8	3年目5月	41	44.1	0.8
1年目6月	31	29.3	1.1	3年目6月	51	44.5	1.1
1年目7月	25	30.7	1.0	3年目7月	47	44.8	1.0
1年目8月	17	32.0	0.7	3年目8月	34	45.1	0.7
1年目9月	28	33.1	0.9	3年目9月	42	45.4	0.9
1年目10月	40	34.1	1.1	3年目10月	47	45.6	1.1
1年目11月	43	35.0	1.0	3年目11月	44	45.9	1.0
1年目12月	49	35.8	1.0	3年目12月	38	46.2	1.0
2年目1月	44	36.6	0.8	4年目1月		46.4	0.8
2年目2月	59	37.3	1.1	4年目2月		46.7	1.1
2年目3月	63	37.9	1.5	4年目3月		46.9	1.5
2年目4月	43	38.5	1.0	4年目4月		47.2	1.0
2年目5月	36	39.1	0.8	4年目5月		47.4	0.8
2年目6月	39	39.6	1.1	4年目6月	予測	47.6	1.1
2年目7月	36	40.1	1.0	4年目7月		47.9	1.0
2年目8月	23	40.6	0.7	4年目8月		48.1	0.7
2年目9月	32	41.1	0.9	4年目9月		48.3	0.9
2年目10月	34	41.5	1.1	4年目10月		48.5	1.1
2年目11月	30	41.9	1.0	4年目11月		48.7	1.0
2年目12月	27	42.3	1.0	4年目12月		48.9	1.0

12

重回帰分析——複数のデータの関連性を調べる

┌─ 解 答 ─┐

重回帰分析の結果、決定係数は 0.644 でした。

決定係数は、いくつ以上あればよいという基準はありません。重回帰分析の結果から、実績値と理論値（P.207）の単相関係数は 0.802 でした。単相関係数の 2 乗を決定係数といいます。

※実績値と理論値の単相関係数を重相関係数といいます。

決定係数	0.644

決定係数は実績値と理論値の一致度を見る指標です。0 ～ 1 の値で、値が大きいほど精度が良いといえます。統計学的にいくつ以上あればよいという基準はありませんが、一般的に以下の通りです。

$r^2 \geqq 0.8$	精度良い
$r^2 \geqq 0.5$	精度やや良い
$r^2 < 0.5$	精度良くない

このケースの場合、決定係数は 0.644 で一般的に基準としている 0.5 を上回ったので、関係式は予測に適用できると判断します。

予測モデル式は以下の通りです。

説明変数名	回帰係数
T	1.0329
S	38.8816
定数項	− 40.1146

売上 ＝ 1.0329 × T ＋ 38.8816 × S − 40.1146

予測モデル式を使って理論値を算出すると下記の通りです。

年月	売上	理論値	年月	売上	理論値	年月	売上	理論値
1年目1月	13	3.1	2年目1月	44	28.1	3年目1月	31	34.5
1年目2月	19	21.6	2年目2月	59	40.6	3年目2月	44	46.6
1年目3月	25	41.8	2年目3月	63	57.5	3年目3月	81	63.3
1年目4月	20	26.6	2年目4月	43	40.2	3年目4月	54	45.6
1年目5月	18	21.2	2年目5月	36	33.1	3年目5月	41	38.4
1年目6月	31	32.0	2年目6月	39	42.7	3年目6月	51	47.7
1年目7月	25	29.0	2年目7月	36	38.7	3年目7月	47	43.5
1年目8月	17	18.5	2年目8月	23	27.5	3年目8月	34	32.0
1年目9月	28	29.4	2年目9月	32	37.6	3年目9月	42	42.0
1年目10月	40	37.0	2年目10月	34	44.7	3年目10月	47	48.9
1年目11月	43	36.5	2年目11月	30	43.7	3年目11月	44	47.8
1年目12月	49	36.3	2年目12月	27	43.1	3年目12月	38	47.0

＜1年目1月＞

$T = 12.3$、$S = 0.78$ より

$$売上 = 1.0329 \times T + 38.8816 \times S - 40.1146$$
$$= 1.0329 \times 12.3 + 38.8816 \times 0.78 - 40.1146$$
$$= 12.7 + 30.5 - 40.1 = 3.1$$

関係式に4年目1〜12月の T と S を代入し、売上の予測値を算出しました。

＜4年目12月＞

$T = 48.9$、$S = 1.01$ より

$$売上 = 1.0329 \times T + 38.8816 \times S - 40.1146$$
$$= 1.0329 \times 48.9 + 38.8816 \times 1.01 - 40.1146$$
$$= 50.5 + 39.5 - 40.1 = 49.9$$

A. 次ページの表、図の通り

年月	売上
4年目1月	38.3
4年目2月	50.3
4年目3月	66.9
4年目4月	49.1
4年目5月	41.7
4年目6月	51.0
4年目7月	46.7
4年目8月	35.2
4年目9月	45.1
4年目10月	51.9
4年目11月	50.7
4年目12月	49.9

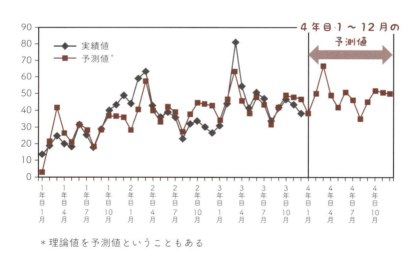

＊理論値を予測値ということもある

付録
統計手法
Excel 関数一覧表

一歩差がつくテクニックを集めました

01 | Excel 関数一覧表

統計で使用される関数とは、大量のデータを統計処理するための関数です。データを分析するのに便利な関数が多くありますが、その反対に、専門的で使いこなすのが難しい側面もあります。以下に統計でよく使用される関数を記します。

	内容	関数式
基本統計	合計 平均値 中央値（メディアン） 不偏分散 分散 不偏標準偏差 標準偏差 歪度 尖度 度数分布	SUM AVERAGE MEDIAN VAR VARP STDEV STDEVP SKEW KURT FREQUENCY
相関分析	単相関係数 直線の定義 直線の傾き	CORREL INTERCEPT SLOPE
確率分布	正規分布（累積確率を算出） 正規分布（x 値を算出） 標準正規分布（累積確率を算出） 標準正規分布（z 値を算出） t 分布（上側確率を算出） t 分布（t 値を算出） カイ 2 乗分布（上側確率を算出） カイ 2 乗分布（χ^2 値を算出）	NORMDIST NORMINV NORMSDIST NORMSINV TDIST TINV CHIDIST CHIINV
角度	角度の計算	ATAN2

02 | Excel関数のリファレンス

統計を極めるにはExcle関数の使い方の習得が欠かせません。ここでは、平均値を求めるAVERAGE関数、度数分布を求めるFREQUENCY関数をはじめ統計でよく使われる4つの関数の基本操作について説明します。

AVERGE：平均値（算術平均）を求める場合

平均値はデータ分析のもっとも基本的な方法といってもよいでしょう。平均を求めるには**AVERAGE関数**を利用します。

① 平均を表示するセルA8を選択する

② A8のセルに下記の関数を入力する

	A	B
1	1課	2課
2	5	2
3	3	6
4	4	0
5	7	10
6	6	7
7		5
8	=AVERAGE(A2:A7)	
9		

=AVERAGE（A2:A7）

③ Enterキーを押す
A8に計算された平均の値が表示される。

④ 式をコピーして貼り付ける
2課の平均が求まる。

⑤ フィルハンドルにマウスを合わせ＋型になったら、コピーしたい方向にドラッグする

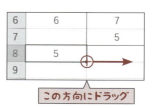

この方向にドラッグ

⑥ 次の結果が表示される

6	6	7
7		5
8	5	5
9	↑	↑
10	1課平均	2課平均

FREQUENCY：度数分布を求める場合

度数分布とは、データの値を等間隔の階級に分け、それぞれの階級に含まれるデータの数を計算したもののことです。度数分布を求めるにはFREQENCY関数を利用します。

① データを入力する

② それぞれの階級の上限を C2 から入力する

③ 度数を表示するセル D2 を選択する

④ D2 のセルに下記の関数を入力する

=FREQUENCY（B2:B41,C2:C10）

	A	B	C	D	E	F
1	No.	得点				
2	1	37	29	=FREQUENCY(B2:B41,C2:C10)		
3	2	39	39			
4	3	40	49			
5	4	43	59			
6	5	45	69			
7	6	47	79			
8	7	50	89			
9	8	53	99			
10	9	55	100			
11	10	55				
12	11	57				
13	12	58				

⑤ Enter キーを押す

D2 に計算された最下位の階級の度数の値が表示される。

⑥ 下記画面のように D2 から D8 まで範囲指定する

	A	B	C	D	E
1	No.	得点			
2	1	37	29	0	
3	2	39	39		
4	3	40	49		
5	4	43	59		
6	5	45	69		
7	6	47	79		
8	7	50	89		
9	8	53	99		
10	9	55	100		
11	10	55			

⑦ 数式バー上にある式の右側をクリックする

ここをクリック

⑧ Ctrl キーと Shift キーを同時に押しながら Enter キーを押す

D2 から D10 にそれぞれの階級の度数の値が表示される。

	A	B	C	D	E
1	No.	得点			
2	1	37	29	0	
3	2	39	39	2	
4	3	40	49	4	
5	4	43	59	7	
6	5	45	69	13	
7	6	47	79	10	
8	7	50	89	3	
9	8	53	99	1	
10	9	55	100	0	
11	10	55			

CORREL：単相関係数を求める場合

CORREL 関数は単相関係数を求める関数です。

① 単相関係数を表示する F2 を選択する

② F2 のセルに下記の関数を入力する

=CORREL（B2:B11,C2:C11）

	A	B	C	D	E	F	G	H
1	学生	身長	体重					
2	A	146	45		単相関係数	=CORREL(B2:B11,C2:C11)		
3	B	145	46					
4	C	147	47					
5	D	149	49					
6	E	151	48					
7	F	149	51					
8	G	151	52					
9	H	154	53					
10	I	153	54					
11	J	155	55					

③ Enter キーを押す

	A	B	C	D	E	F
1	学生	身長	体重			
2	A	146	45		単相関係数	0.916248
3	B	145	46			
4	C	147	47			
5	D	149	49			
6	E	151	48			
7	F	149	51			
8	G	151	52			
9	H	154	53			
10	I	153	54			
11	J	155	55			
12						

F2 に計算された値が表示される。

SLOPE、INTERCEPT：直線式の傾き・切片を求める場合

SLOPE 関数は回帰直線の傾きの値、**INTERCEPT 関数**は回帰直線の切片の値を算出します。

① 回帰係数を表示する F2 を選択する

② F2 のセルに下記の関数を入力する

=SLOPE（C2:C7,B2:B7）

	A	B	C	D	E	F	G
1	営業所	広告費	売上額				
2	A	500	8		回帰係数	=SLOPE(C2:C7,B2:B7)	
3	B	500	9		定数項		
4	C	700	13				
5	D	400	11				
6	E	800	14				
7	F	1,200	17				
8							

③ Enter キーを押す。F2 に計算された値が表示される

④ 定数項を表示する F3 を選択する

⑤ F3 のセルに次を入力する

=INTERCEPT（C2:C7,B2:B7）

	A	B	C	D	E	F	G	H
1	営業所	広告費	売上額					
2	A	500	8		回帰係数	0.010272		
3	B	500	9		定数項	=INTERCEPT(C2:C7,B2:B7)		
4	C	700	13					
5	D	400	11					
6	E	800	14					
7	F	1,200	17					
8								

⑥ Enterキーを押す

	A	B	C	D	E	F
1	営業所	広告費	売上額			
2	A	500	8		回帰係数	0.010272
3	B	500	9		定数項	4.980545
4	C	700	13			
5	D	400	11			
6	E	800	14			
7	F	1,200	17			

F3に計算された値が表示される

ATAN2：角度を求める場合

ATAN2 関数は、指定された x 座標と y 座標のアークタンジェント（逆正接）を返します。アークタンジェントとは、x 軸と、原点および座標点（x 座標，y 座標）を通る線との間の角度のことです。

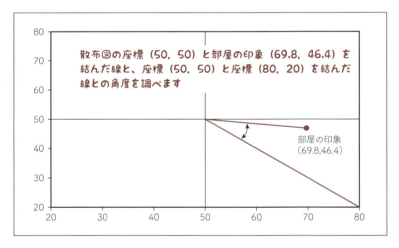

Excel のシート上に任意のセルに次の関数と、x' と y' の値を入力すれば角度が算出できます。

=ABS（ATAN2（x', y'）*180/PI（））
※ Excel では π を PI（） と表示
　ABS 関数は絶対値を求める関数

Excel の関数に用いる x' と y' は、要素の点の位置（座標）を (x, y) とすると、以下の式で求められます。

$$x' = (x - 50) \times \cos\left(\frac{\pi}{4}\right) + (y - 50) \times \left(-\sin\left(\frac{\pi}{4}\right)\right)$$
$$= (x - 50) \times 0.70711 + (y - 50) \times (-0.70711)$$

$$y' = (x - 50) \times \sin\left(\frac{\pi}{4}\right) + (y - 50) \times \cos\left(\frac{\pi}{4}\right)$$
$$= (x - 50) \times 0.70711 + (y - 50) \times 0.70711$$

たとえば「部屋の印象」の場合、$x = 69.8$、$y = 46.4$ なので、次のようにして角度を求めます。

$x' = (69.8 - 50) \times 0.70711 + (46.4 - 50) \times (-0.70711) = 16.546$

$y' = (69.8 - 50) \times 0.70711 + (46.4 - 50) \times 0.70711 = 11.455$

上記の Excel の関数に $x' = 16.546$、$y' = 11.455$ を代入します。

= ABS（ATAN2（16.546,11.455）＊180/PI（））= 34.70（°）

03 | Excel アドインフリーソフトで行える解析手法

株式会社アイスタットで開発したフリーソフトには、① Excel 統計解析、② Excel 多変量解析、③ Excel 実験計画法の 3 つがあります。
ここでは、それぞれで行える解析手法を紹介します。

① Excel 統計解析

- **基本統計量**
  代表値（平均値、中央値、最頻値など）
  散布度（偏差平方和、標準偏差、分散、変動係数、パーセンタイルなど）
  分布の形状（歪度、尖度）
- **箱ひげ図（7 数要約、外れ値）**
- **散布図（散布点の名称）**
- **偏差値（基準値、偏差値）**
- **相関分析（各種相関係数、無相関検定）**
  件数クロス集計（クラメール連関係数）
  カテゴリー別平均（相関比）
  単相関係数（ピアソン積率相関係数）
  順位相関係数（スピアマン）
- **クローンバック α 係数**
- **正規分布**
  正規分布グラフ
  正規分布統計量（横軸の値に対する確率、確率に対する横軸 m の値）
  正規確率プロット（サンプルから得た t 度数分布の正規性）
  正規分布の当てはめ（正規分布の当てはめ、母集団の正規性の検定）
- **対応のない t 検定（個体データの t 検定、統計量データの t 検定）**
- **対応のある t 検定**
- **対応のない母比率の差の検定（個体データの検定、統計量データの検定）**
- **対応のある母比率の差の検定**
- **多重比較法（分散分析表、ボンフェローニ検定）**

② Excel 多変量解析

- 散布点名称付き散布図（相関図）
- 相関分析（各種相関係数、無相関検定）
  件数クロス集計（クラメール連関係数）
  カテゴリー別平均（相関比）
  単相関係数（ピアソン積率相関係数）
  順位相関係数（スピアマン）
- クローンバック α 係数
- CS 分析（統計量指定）
- CS 分析（データ指定）
- 主成分分析
- 重回帰分析
- 数量化 1 類
- 拡張型数量化 1 類
- 固有値

③ Excel 実験計画法

- 1 元配置法
- 2 元配置法（繰り返しがある場合）
- 2 元配置法（繰り返しが一定でない場合）
- 2 元配置法（繰り返しがない場合）
- 多重比較法
- 直交配列実験計画法（繰り返し無し）
- 直交配列実験計画法（完全無作為法）
- 直交配列実験計画法（乱塊法）

【フリーソフトの必要環境・仕様について】
日本語版 Microsoft Excel 上で動作するアドインソフト
対応する Microsoft Excel は日本語版
Excel（2019,2016,2013,2010）が必要
※ Excel 32bit 版、64bit 版に対応
動作 OS は、Windows10、Windows8、Windows8.1、Windows7
Excel for Mac および Office for Mac には対応していません。

Excel アドインフリーソフトは、アイスタット URL（https://istat.co.jp/）にアクセスし、上部メニューにあります【フリーソフトのダウンロード】を選択してください。

索 引

数字

1,0 データ	31
2Bottom 割合	15
2Top 割合	15 〜 18
5 数要約	38
5 段階評価	15 〜 18
95% CI	136

英字

AIC	218
CI	134, 135
CS	88
CS グラフ	88, 91 〜 93
CS 調査	18
mean ± SD	128, 129
mean ± SE	130
ns	150
p 値	148
t 検定	161
t 推定	136, 137
t 分布	115 〜 120
z 推定	136, 137
z 値	112
z 分布	104 〜 106, 113, 115

あ行

赤池情報量規準	218
異常値	12, 38, 40, 41
一次関数	53
因果関係	56
上側確率	106, 117 〜 120
ウェルチの t 検定	164
エラーバー	131, 132

オッズ	69, 70
オッズ比	69

か行

カイ 2 乗値	74
回帰係数	205, 208
階級値	23, 24
改善度指数	93 〜 96
下限値	134, 135
仮説検定	146
カテゴリーデータ	15, 31, 32, 50, 75, 76
関数関係	52, 53
幾何平均値	5
棄却限界値	137
基準値	44 〜 46
季節変動	219
季節変動指数	219 〜 221
期待度数	73, 74
帰無仮説	147
クラメール連関係数	71 〜 74
クロス集計	64
クロス集計表	64 〜 66
クロス集計表のカイ 2 乗検定	199
群間変動	79, 80
群内変動	78 〜 80
傾向線	222 〜 225
傾向変動	222
結果変数	64
月次時系列分析	219, 222
下内境界点	40, 41
原因変数	64
検定統計量	153 〜 155
顧客満足度グラフ	88
顧客満足度調査	18
誤差 E	136
誤差グラフ	131

さ 行

最小値	38
最大値	38
最頻値	23, 24
算術平均値	3, 4, 7
散布図	54
散布度	26
サンプル	107, 122
サンプルサイズ	124, 125
サンプル数	125
下側確率	106
下側面積	101
実績値	207, 228
実測度数	74
四分位範囲	36 ～ 38
四分位偏差	36, 37
重回帰式	205
重回帰分析	204 ～ 206
修正角度指数	94
自由度	115, 116
順序尺度	32
上限値	134, 135
上内境界点	40, 41
信頼区間	134 ～ 136
信頼係数	136
信頼度	136
信頼度 95%	136
数量データ	14 ～ 17, 31, 50, 205
スチューデントの t 分布	115
スピアマン順位相関係数	81 ～ 83
正規確率プロット	112, 114
正規分布	98 ～ 103, 106 ～ 109
積和	60
説明変数	64, 204, 205
全数調査	122
尖度	108 ～ 111
相加平均値	3
相関	55

相関関係	52, 54 ～ 56
相関係数	55, 89
相関図	54
相関比	75 ～ 77, 79
相関分析	50, 55
相乗平均値	5
相対危険度	67, 70

た 行

第 1 四分位点	19, 36, 38
第 3 四分位点	19, 36, 38
第一種の過誤	150
対応のある t 検定	168
対応のあるデータ	167
対応のないデータ	167
第二種の過誤	150
タイの長さ	82, 83
代表値	2
縦%表	65
単回帰式	61, 62
単回帰分析	61
単相関係数	57 ～ 60, 62
単相関係数の無相関の検定	196
中央値	9 ～ 12
調和平均	8
調和平均値	7, 8
直線回帰分析	61
定数項	208
統計的検定	146, 147, 153
同等性試験	176
同等性マージン	177
度数分布表	24, 99

は 行

箱ひげ図	38 ～ 40
外れ値	23, 36, 37, 40 ～ 43
パーセンタイル	19 ～ 21

パーセント	19	変動係数	34, 35
ハーモニック平均	8	母集団	122
ピアソンの積率相関係数	57	母集団サイズ	124
左側検定	151, 152	母標準偏差	124, 161, 164, 165
標準回帰係数	209, 211 〜 213, 215, 216	母比率	124
標準誤差	126, 127, 130	母比率の推定	143
標準正規分布	104, 105, 115	母平均	124
標準偏差	27 〜 37	母平均 t 推定	139
標準偏差計算式	33	母平均 z 推定	138
表側項目	65, 66	母平均差分の信頼区間	171, 176
表頭項目	65, 66	母平均の差 z 検定	158
標本誤差	123, 141	母平均の差の検定	146, 147, 153, 154, 171
標本調査	116, 122 〜 124	母平均の推定	134, 136
標本標準偏差	124, 126, 127		
標本比率	124		
標本分散	33, 117		

ま行

標本平均	124, 126, 127, 130, 134, 135
比率	13
ヒンジ	36
符号逆転現象	214 〜 216
不偏分散	33
ブレークダウン	65
分割表	68
分散	29 〜 33
分離表	65
併記表	65

マクネマー検定	185 〜 187
右側検定	151, 152
無限母集団	141, 142
名義尺度	32
目的変数	64, 204, 205, 208

や・ら・わ行

平均値	2 〜 5
平方根	6
偏回帰係数	208
変曲点	100
偏差	29
偏差値	46, 47
偏差値 CS グラフ	91, 92
偏差平方	29
外れ値	23, 36, 37, 40 〜 43
偏差平方和	29, 60
変数選択総当たり法	216
片側検定	151 〜 153, 155
変動	2, 26

有意差判定	149
有意水準	149, 150
有限母集団	140, 141
有限母集団修正係数	141, 142
横%表	65
リスク	67, 68, 70
リスク比	67, 68
両側検定	151, 152, 155
理論値	207, 208, 228
歪度	108 〜 111
割合	2, 13 〜 15, 31, 67 〜 70

著者略歴

菅　民郎

株式会社アイスタット代表取締役会長
ビジネス・ブレークスルー大学大学院 名誉教授
理学博士
1966 年　東京理科大学理学部応用数学科卒業。
　　　　中央大学理工学研究科にて理学博士取得。
　　　　日本統計学会、日本計算機統計学会、応用統計学会に所属。

著書
『Excelで学ぶ統計解析入門』（オーム社）
『Excelで学ぶ多変量解析入門』（オーム社）
『アンケート分析入門』（オーム社）
など多数。

志賀　保夫

株式会社アイスタット 代表取締役社長
ビジネス・ブレークスルー大学大学院 教授
統計士　統計データ分析士　データ解析士
北里大学獣医畜産学部卒業
1980 年　アイシーアイファーマ株式会社　入社
　　　　（その後ゼネカ株式会社に社名変更：現アストラゼネカ株式会社）
1980-1988 年　同社　MR マネジメント＆セールストレーニングオフィサー
1988-1989 年　ICI Americas Inc. Management & Sales Training Officer
1989-1999 年　同社 マーケティングマネージャー（プライマリケア領域）
1996 年〜　株式会社ケアネット設立に参画
1999 年〜　株式会社ケアネット入社　取締役 上席執行役員など歴任
2011 年　株式会社アイスタットを設立　代表取締役副社長
2016 年　株式会社アイスタット 現在代表取締役社長
　　　　（株式会社ケアネット シニアメディカルマーケティングアドバイザー兼務）
2017 年　ビジネス・ブレークスルー大学大学院 教授

著書
市場開拓、開発テーマ発展のためのマーケティングの具体的手法と経験事例集（技術情報協会）
ドクターも納得医学統計入門（エルゼビア・ジャパン株式会社）

姫野　尚子

株式会社アイスタット データ解析部チーフ
ビジネス・ブレークスルー大学大学院 TA（ティーチングアシスタント）
四条畷短期大学卒業
1993 年　トランスコスモス株式会社入社
　　　　同社 OA インストラクターとして配属
2014 年　株式会社アイスタット入社
　　　　Excel 統計解析フリーソフト開発
　　　　Excel 多変量解析フリーソフト開発
　　　　国土交通省、防衛省、一般財団法人自転車産業振興協会、日本医業経営コンサルタント協会な
　　　　どアンケート調査報告書作成
　　　　統計的検定、共分散構造分析を適用した論文作成のコンサル業務を実施
2017 年　ビジネス・ブレークスルー大学大学院 TA（ティーチングアシスタント）

- 本書の内容に関する質問は、オーム社ホームページの「サポート」から、「お問合せ」の「書籍に関するお問合せ」をご参照いただくか、または書状にてオーム社編集局宛にお願いします。お受けできる質問は本書で紹介した内容に限らせていただきます。なお、電話での質問にはお答えできませんので、あらかじめご了承ください。
- 万一、落丁・乱丁の場合は、送料当社負担でお取替えいたします。当社販売課宛にお送りください。
- 本書の一部の複写複製を希望される場合は、本書扉裏を参照してください。

JCOPY ＜出版者著作権管理機構 委託出版物＞

使える 51 の統計手法

| 2019 年 9 月 25 日 | 第 1 版第 1 刷発行 |
| 2025 年 2 月 10 日 | 第 1 版第 5 刷発行 |

監 修 者　菅　　民　郎
著　　者　志 賀 保 夫・姫 野 尚 子
発 行 者　村 上 和 夫
発 行 所　株式会社 オ ー ム 社
　　　　　郵便番号　101-8460
　　　　　東京都千代田区神田錦町 3-1
　　　　　電話　03(3233)0641(代表)
　　　　　URL　https://www.ohmsha.co.jp/

© 菅民郎・志賀保夫・姫野尚子 2019

組版　ビーコムプラス　　印刷・製本　三美印刷
ISBN978-4-274-22407-2　Printed in Japan